La solitude apprivoisée

驯服孤独
——对分离焦虑的精神分析

［瑞士］让-米歇尔·奎诺多 著
（Jean-Michel Quinodoz）

杨方峰 等 译

图书在版编目（CIP）数据

驯服孤独：对分离焦虑的精神分析／（瑞士）让-米歇尔·奎诺多（Jean-Michel Quinodoz）著；杨方峰等译. —北京：中国轻工业出版社，2020.8（2025.8重印）
ISBN 978-7-5184-1896-1

Ⅰ. ①驯… Ⅱ. ①让… ②杨… Ⅲ. ①精神分析－研究 Ⅳ. ①B84-065

中国版本图书馆CIP数据核字（2019）第298887号

版权声明

La solitude apprivoisée by Jean-Michel Quinodoz
© Presses Universitaires de France/Humensis, ainsi que le titre français de l'ouvrage.

保留所有权利。非经中国轻工业出版社"万千心理"书面授权，任何人不得以任何方式（包括但不限于电子、机械、手工或其他尚未被发明或应用的技术手段）复印、拍照、扫描、录音、朗读、存储、发表本书中任何部分或本书全部内容（包括但不限于光盘、音频、视频等）。中国轻工业出版社"万千心理"未授权任何机构提供源自本书内容的电子文件阅览、收听或下载服务。如有此类非法行为，查实必究。

责任编辑：陈　珵　　　　责任终审：杜文勇
文字编辑：王雅琦　　　　责任校对：刘志颖
策划编辑：阎　兰　　　　责任监印：吴维斌

出版发行：中国轻工业出版社（北京东长安街6号，邮编：100740）
印　　刷：三河市鑫金马印装有限公司
经　　销：各地新华书店
版　　次：2025年8月第1版第2次印刷
开　　本：880×1230　1/32　印张：8.75
字　　数：128千字
书　　号：ISBN 978-7-5184-1896-1　定价：56.00元
读者热线：010-65181109
发行电话：010-85119832　010-85119912
网　　址：http://www.chlip.com.cn　http://www.wqedu.com
电子信箱：1012305542@qq.com
版权所有　侵权必究
如发现图书残缺请拨打读者热线联系调换
251337Y2C102ZYW

La solitude apprivoisée

驯 服 孤 独
——对分离焦虑的精神分析

［瑞士］让-米歇尔·奎诺多　著
（Jean-Michel Quinodoz）

杨方峰　沈眉君　田杜鹃　刘茵　等　译

中国轻工业出版社

译 者 序

关系与分离：在中国文化下寻找自我

没有分离，就没有关系！

当弗洛伊德所强调的个体本能与驱力的古典模型，逐渐演变、发展为聚焦于关系的英国学派，在经历一个多世纪对人类心智的探索后，精神分析最终触及人类最根本的冲突之——"做自己"与"和他人连接"之间的冲突。在两者之间找到平衡，找到一个适合自己的"度"，是每个人毕生的挣扎与功课。

这一冲突与平衡放置在文化的脉络中，容易造就"东方人重家庭、集体，西方人重个体"的刻板印象。深入两种社会，我们总可以不断地遇到"例外"，但例外并不意味着他们可以免于在"文化的防御"与"文化的症状"中挣扎着寻找自己的位置。文化既可以帮助个体完成分离个体化——如仪式，有时候又会被个体用来逃避真正的分离。或许，集体对分离的恐惧，让我们的文化构建出"男孩留在原生家庭、女孩出嫁"的意识形态，衍生出"重男轻女"的文化糟粕。多少家庭的恩怨与个人情绪上的痛苦，都由此而生。相对注重个体的西方文化，则有可能制造出倾向于回避进入关系的个体，甚至用法律、文化过度干涉父母的亲职权利，由此造成的亲人疏离、社会孤独，又何尝不是对分离的恐惧。要建立带有情感连接的高品质关系，似乎考验的是人们处理分离的能力，当然也包括我们如何与身处的文化建立关系。

虽然分离的体验让人痛苦，让人想要逃避，分离—个体化却像生物的本能，无法避免。单从近亲无法结婚，便可明了这一点。个体总要走出对母亲的排他依恋、对家庭的唯一忠诚，与另一个家庭的个体建立首要重要的关系——这是一项多么艰巨的任务！其困难程度反映在中国家庭"婆媳关系"的质量上，也表现为成年人通过将孩子交托给父母来换取自己的独立空间上。隔代养育也可能是通过孙子辈有形的代替，来逃避体验与子女的分离。而即便是空间上的分离，在情感连接上仍处于未分离的状态，这在极端情境下，会造成另一种痛苦——对被吞没、被困住的恐惧，对失去自我、自主能力的担心。

精神分析理论中的核心情结（core complex）所描述的正是这一困境：靠近，恐惧的是完全被吞没；远离，恐惧的是永远被抛下。这是早期母婴二元关系会体验到的原始情绪。在俄狄浦斯三角关系的阶段，父亲的出现则会将婴儿从母婴融合的困境中拯救出来。通过引入规则或规矩，为极端的情绪设限，并发展出时间与距离的概念。有了限制，有稳定的分开之后再见面的重复体验，关系与内在世界才逐渐得以形成。

精神分析的大多理论，以及人格发展的每一个阶段，都与分离息息相关。然而，很少有著作或文献专门论述这一主题。或许，正如本书作者所言，分析师们都对分离与其他概念的联系太过熟悉，以至于大多数人都已经习惯在实践中直接诠释它，而不需要参考相关的技术和理论。在我于躺椅上与分离焦虑工作多年之后，忽然看到这样一本书，顿时觉得爱不释手，于是，我决定将它翻译成中文。作者对分离焦虑的临床表现与理论发展都有着巨细靡遗的描述，我便不再重复。大家可自行阅读。

在理论上，我想补充一点。近年来，随着克莱茵学派精神分析理论的发展，一定程度的攻击性被看作是分离—个体化的助力。攻击性因此在人格发展的过程中被认为具备了积极的面向。这看似与传统的理论相矛盾，因为后者关注的是攻击性如何造成（内在与外在）客体或客体连接的缺失——比如对客体的憎恨或嫉妒，让主体想要从关系中撤离（中断外在连接），或忘掉客体（中断内在连接）。实际上，这恰巧也符合克莱茵学派忍受矛盾或悖论的观点，即任何事物都同时具有积极与消极的面向。也解释了在东方人"黏附"的家庭关系中、在看似和乐的氛围中，子女有时需以激烈的方式让父母给出空间。

在临床实践上，作者基本没有涉及对文化因素的诠释。如果说作者在书中频频引用法国小说《小王子》(*The Little Prince*)是引自法国文化的话，那么作者的确没有特别考虑东方文化——一种看似与分离与关系更为相关的文化。然而通过阅读本书，我相信读者能为身边很多的文化现象找到某种理解的方式。比如，我们更注重行动，忽视一些情绪体验或思考（分离焦虑与见诸行动）；我们更倾向于以有形的物质交换建立人际连接，忽略通过理解与被理解、看见与被看见、记得与被记得的形式建立的内在象征化的连接（"象征等同"与"象征形成"的概念）。

文化本身并没有优劣。面对所处的文化，我们采用的是笛卡尔二元对立的视角，还是精神分析式忍受矛盾或悖论的态度（如克莱茵的"抑郁位置"，温尼科特的"独处的能力"），决定了文化对个人而言是限制，还是滋养。如何面对矛盾或悖论，日本分析师河合隼雄给了很好的例子。当孩子犯了错，是惩罚，还是原谅，具体的做法只能二者选一。然而成熟则体现在做出选择时个人的态度，如果选择责罚孩子，心中要承认原谅孩子的益处；如果选择了原谅孩子，心中也要明白责罚孩子的优点。同样道理，若是身处支持关系、集体的文化，个体就要多留一些空间聆听自己的声音；若是身处支持个性发展、自主独立的社会，个人就得多关注自己与他人建立关系的需要。

人的一生，可简略概括为不断寻找自我、成为自己的旅程，伴随着不断与人建立关系又不断分离的体验（重寻客体与重建自体）。带着帮助大家厘清这一过程的愿望，包括该过程牵涉的情感、情绪、防御等，以及文化因素对我们如何阅读、理解及实践书中的理论与临床技术的影响，我将本书带给中文世界的读者。希望每一位读者都能因为阅读本书而或多或少加深对自己的理解，在寻找自己的道路上变得更加清晰。

杨方峰
2019.11

前　言

　　我于1978年认识了米歇尔·奎诺多，当时我在日内瓦建立了临床工作继续教育小组（一直延续到1984年），他是该小组的一员。自此之后，我与他曾在不同的场合讨论过各种临床与理论的议题。我很敬重他对精神分析的责任心、工作的严谨性与创新的能力，这本书正展现了我所注意到的他身上的这些品质。

　　他将自己的注意力放在临床实践中的分离焦虑这一主题上。虽然从弗洛伊德起，就有着数量繁多的关于分离焦虑的文献，但提到分离焦虑（及其防御）在精神分析历程中的重要角色的文章却很少。弗洛伊德谈到"周一的硬壳（Monday crust）"时，指的是分析师，而不是病人。奎诺多借助细致的临床材料，有力地展现了分离焦虑的各种形式与内容，以及如何对防御进行工作，让分离焦点显现，使病人能够由此修通这种焦虑。

　　在本书的第二部分，他回顾了现有的主流精神分析理论对分离焦虑的论述，从弗洛伊德谈起，随后涉及克莱茵、费尔贝恩、温尼科特、巴林特、安娜·弗洛伊德、斯皮茨与马勒等的观点。在整本书中，他也大量引用了其他作者的观点。

本书的最后部分谈到了精神分析的终结，在这里他提出了"承载力（portance）"这一原创概念，他引用了字典中关于这一词语定义的两层含义。第一层含义是指材料的强度，用于支撑某种结构，如房子的地基。第二层是物理学上的用法，指提供上升速度的垂直力，如飞机起飞时的升力。奎多诺认为，能否处理好分离焦虑，取决于病人是否获得了承载力，即内在世界中的坚实基础结合提升的能力。在他看来，内在客体关系的结构为个体提供了承载力——不仅提供了忍受分离与独处的能力，也是生活热情（un élan de vivre）的来源。

我认为本书是一本重要的著作。作为一种临床取向，它结合了娴熟、精深的理论，并引进了新的观点来阐明理论与临床实践。

汉娜·西格尔

"'驯养'是什么意思？"

——"那是一件早已被大家遗忘的事，"狐狸说，"它的意思是'建立关系'……"

——"建立关系？"

——"不错，"狐狸说，"对我来说，现在你还只是个男孩，与其他成千上万的小男孩没有什么两样。我不需要你，你也不需要我。对你来说，我只是一只狐狸，与其他成千上万的狐狸没有什么不同。但是，如果你驯养我，那么我们就会相互需要了。对我来说，你就是这个世界上独一无二的。对你来说，我也是世界上独一无二的……"

——"我开始明白了，"小王子说，"有一朵花……我想她已经驯养我了……"

——安托万·德·圣·埃克苏佩里

目　　录

第一部分　精神分析实践中的分离焦虑／1

第一章　移情幻想中的分离焦虑 …………………………… 3
第二章　临床案例：奥莉维亚的分离焦虑 ………………… 19
第三章　诠释分离焦虑的取向 ……………………………… 35

第二部分　精神分析理论中分离焦虑的位置／51

第四章　弗洛伊德、分离焦虑与客体丧失 ………………… 53
第五章　梅兰妮·克莱茵以及克莱茵学派的观点 ………… 85
第六章　其他主要精神分析理论中的分离焦虑和客体丧失 ……… 121

第三部分　相关技术／149

第七章　分离焦虑的移情诠释 ……………………………… 151
第八章　心理痛苦及负性移情 ……………………………… 183
第九章　见诸行动与分离焦虑 ……………………………… 203
第十章　精神分析的设置与容器功能 ……………………… 213

第十一章　分析的结束和分离焦虑 ················ 219
第十二章　独处的能力、承载力与整合的内心世界 ············ 233

第一部分
精神分析实践中的分离焦虑

第 一 章

移情幻想中的分离焦虑

"如果你需要一个朋友,那就驯服我吧!"

——安托万·德·圣·埃克苏佩里

孤独的两面

孤独有两副面孔:它可能是一位毫无生气的咨询员,而一旦被驯服,它就有可能成为一位价值无限的朋友。孤独能够被驯服吗?它有可能转变为一种与自己及他人真诚沟通的手段么?

在本书中,我希望展现的是:孤独如何在精神分析的体验中呈现,并经由这种体验发生改变;以及有时怀有敌意并令人感到绝望的寂寞如何逐渐发展成一种被驯服的孤独,形成一种信任自身以及人际沟通的基础。

这样的转变通常发生在被精神分析师称为修通分离焦虑

与客体丧失焦虑的过程中。每个个体的心理发展都要经历这一过程，同样，随着精神分析关系的进展，这一过程也会出现。过度强烈的分离焦虑，是发现自己被单独抛下的恐惧——正如弗洛伊德（Freud）在1926年所描述的，这是心理痛苦的源泉，是一种哀伤的情感。与寂寞一样，孤独可能会变成致命的深渊："身边少了一个心爱的人，整个世界感觉都是荒凉的"（A.de Lamartine，L'Isolement）。反之，一旦被驯服，分离焦虑就会变成一种富有生气的力量。驯服孤独不是消除焦虑，而是学会面对它，并让它服务于我们的生活。于是，感到孤单意味着开始意识到自己是独一无二的，他人也是独一无二的。我们与自己以及与他人的关系，也立刻呈现出无限的价值。这便是我所理解的小王子对玫瑰花所说的话："你们就像先前的那只狐狸，它只是一只狐狸，同其他成千上万只狐狸一样。但是我让它成了我的朋友，因此现在它是世界上独一无二的了"。

  在本章中，我想要把孤独感与分离焦虑放置在精神分析的背景下来介绍。这类焦虑是日常生活中普遍存在的现象，也会在分析关系中重现，从根本上塑造了移情的发展。分离焦虑确实具备精神分析所关注的移情现象的基本特征，因为它使得婴儿期的体验在当下的分析关系中重现。鉴于它的潜意识特性，分析师与接受分析者之间的分离焦虑可以被识别。重现的分离焦虑被识别后便可以被诠释、修通。

分离焦虑：一个普遍的现象

若在人际关系的背景下考虑有关分离的议题，那么分离焦虑通常指的是在面对自身重要关系受到威胁或中断时，个体感受到的痛苦的恐惧感。中断可能是指失去了情感连接（失去爱），也可能是指失去了重要他人（真实地丧失客体）。我们倾向于用"分离"这个词指代暂时性的中断，而用"丧失"指代永久性的终止。但是，幻想中的分离倾向于和丧失混淆，于是分离被体验为丧失。

分离焦虑是一个普遍的现象。的确，它是一种如此亲密与熟悉的情感，以至于我们必须特别努力才能意识到它时刻伴随着日常生活。只需要想一想自己在迎接亲戚朋友的到来以及与他们道别时说的话："很高兴再次见到你，我以为你消失了，我担心再也听不到你的消息了……别把我一个人留下……"

通过这些话语，我们表达了自己在极为平凡的情境中对情感关系的基本需要，以及与爱人分别时的思念之情。因此，分离焦虑是对痛苦情感的反思——它或多或少是意识层面的——伴随着对人类关系的无常、对我们自己以及他人存在的感知。同时，它还是一种与自我结构有关的情感，因为孤独的痛苦会让我们意识到：首先，我们以单一个体的独特方式存在，与他人不同；其次，他人也与我们有所不同。就这样，分离焦虑构成了认同感的基础以及对他人的认识——精神分析师习惯于称"他人"为"客体"，为了将他／她与"主体"相区分。

分离焦虑如何显现？

分离焦虑通常通过一些情感反应来表达，例如，当我们感受到与某人是分开的，我们会体验到（描述为）：感到被遗弃、孤单、难过、愤怒、受挫或绝望。面对分离的情感反应，因为焦虑程度的不同，可能会出现这一系列情绪中的任何形式。这些反应可能是程度较小的，例如担心或悲伤；或者也可能是程度较重的，包括主要的表现形式：精神问题（抑郁、错觉或自杀），功能性的躯体障碍（身体机能受影响）或心身症状（器官病变）。事实上，分离焦虑是病理性表现最常见的直接原因之一，特别是很多不同形式的精神或躯体疾病以及意外事故。

涵容焦虑——特别是分离焦虑——的能力也因人而异。所谓的"正常状态"，是一个特定的人应对并修通焦虑的能力。不过，这种能力也可能会被过度使用。正如我们随后将要看到的，焦虑的出现可能有内在以及外在的原因，两者之间紧密相连。换一个角度来看，在大多数情况下面对分离以及客体丧失的反应可能会被认为具有潜意识的来源及意义，属于主体的意识范围之外。我们现在来看看这一点。

意识与潜意识之间

现在，让我们从意识或潜意识心理想象的视角来看看分离焦虑——根据弗洛伊德最初的地形说（topography）。

一般来说，如果分离焦虑能够比较好地被忍受，焦虑的主体便能够在一定程度上意识到焦虑与关系有关，关系中的另一方是他们心力贯注的对象，而他们的感觉——例如，难过与被抛弃的感觉——则连接着这位被贯注以心力的他人。无可否认，每一个心理反应都有着意识与潜意识的成分。但是，如果潜意识机制占主导，那么焦虑就会过于强烈：主体为了对抗过于强烈的焦虑，会将焦虑驱逐到潜意识中，通过压抑（repression）、置换（displacement）等防御机制；或者是通过否认情感与分裂自我（splitting ego）——正如我们随后将要看到的。这些对抗焦虑的防御机制最终都会导致以下后果：为分离所苦的主体不再清楚地知道令他痛苦的对象为何，他甚至无法感受到与被贯注的客体分开或失去这个客体的感觉。例如，当分离的痛苦过于强烈时，主体可能会置换难过与被抛弃的感觉，将它们体验为与他人有关的感受，而不是那个被贯注了心力的人，主体也无法觉察到自己的难过已经从真实造成这种感受的对象身上转移了。行为怪癖的根本原因常常就是这种感觉的置换。

这些对抗焦虑感知能力的防御机制——正如我刚刚提到的置换与行为怪癖——本质上是一些逃避主体意识的现象。它们发生在被弗洛伊德称之为"潜意识"的层面，与意识层面感知到的现象有所不同。虽然旁观者往往很容易就能发现分离与多数这类焦虑的无意识表现形式之间的因果关系。但是对于当事人而言，情况却不是这样的，他们无法看到这些现象之间的任何关联，因为这些现象发生在他们的意识层面之外——在潜意识中。回到上述置换的例子，当事人自己无法意识到他正在将难过与愤怒转向一个并不是这些感觉真正指向的客体的人。

对于分离焦虑，我们会看到弗洛伊德观察到的现象：大量患有心理障碍的人，如果他们的症状与这类焦虑有关，并且最终能够意识到症状的无意识心理起源，那么，他们因移情关系中的重现而获得的这一领悟，会有助于消除症状。这是精神分析工作的一项基本原则。

现在，我们可以就哀伤与分离焦虑进行比较。在正常的哀伤中，患者可以意识到他们的难过情绪与丧失爱人（或与爱人分开）有关；而在病理性的哀伤中，这种联系是潜意识的：为分离或丧失所苦的当事人不知道他失去了谁，或失去了什么（Freud，1917e）。直到主体能够意识到他与客体之间的潜意识连接，他才有可能开始哀伤这一工作，并由此消除他的症状，最终在意识层面让自己与客体分离。精神分析的探索由于包含此种修通潜意识现象的可能性，所以比起其他流派更适用于分离焦虑。

弗洛伊德、分离与客体丧失

弗洛伊德描述了个体对分离与客体丧失的潜意识反应。纵观他的一生，他都在探究这类心理反应的起源以及它变化多端的原因。他想要了解：是什么造成了单一的痛苦？又是什么倾向于引发焦虑？导致病理性哀伤的原因为何？正常哀伤的性质？他的答案都包含在两篇重要的文章中。

在《哀伤与抑郁》（Mourning and Melancholia，1917e）一文中，弗洛伊德发现，主体面对客体丧失的抑郁反应是因为其部分地认同了丧失的客体，并与之混淆，由此来对抗客体已经丧失的感受。因为《哀伤与抑郁》，弗洛伊德开始重视主体与（内在及外在）客体之间的关系，客体的概念也跟自我（ego）一样，变得更明确了。几年后，在他的第二版地形说中，将心智分为自我、超我（superego）与本我（id），与最初的地形说互为补充——最初他将心智分为意识（conscious）、前意识（preconscious）与潜意识（unconscious）。弗洛伊德把焦虑看作是一种自我体验到的情感,并修正他先前关于焦虑起源的观点。从《抑制、症状与焦虑》(*Inhibitions, Symptoms and Anxiety*)一文开始,他把焦虑归于幻想中对分离与丧失客体的恐惧。他认为焦虑是自我面对危险威胁时呈现出的心理无助状态——这样的危险会激活婴儿在面对自己喜爱且极度渴望的母亲不在场时,体验到的生理及心理的无助状态。因此,弗洛伊德把恐惧分离看作是焦虑最初的原型。

弗洛伊德将分离与客体丧失看作是引发焦虑及防御机制的主要原因,在很长一段时间后,这样的新观点才被众人接受。事实上,一些精神分析师仍然对此持有怀疑。在我看来,主要的障碍在于确定分离与客体丧失的议题上,幻想与现实的作用各占的比例。这是我们即将讨论的基本点,它位于幻想与现实的十字路口——外在现实与心理现实之间,能让我们更好地理解精神分析取向对这个问题的影响。

分离与客体丧失的幻想与现实

外在现实与(内在)心理现实之间关系的问题,在分离焦虑上呈现得尤为明显。这可能是因为这个术语通常的定义:与某人分开或失去某人,直接预示了一种真实的分离或丧失。因此,幻想起作用的部分容易被忘记——主体希望让客体消失的潜意识愿望。

现在，精神分析教会我们的是，分离的真实体验不仅可以被看作是有形的外在现实，也可以从幻想的角度来解释。相反，我们可能会观察到，通过持续双向的投射与内摄机制，幻想以及我们与内在客体形象的关系，会直接影响到与自己周围真实他人的关系。

相较于现实层面的分离与客体丧失，不同精神分析师对相关幻想的重要性有着非常不同的看法。一些分析师的兴趣在于研究真实的分离与丧失导致的后果，他们无疑会把重心放在以下看法上：分离首先是一个与外在现实有关的问题，这不是精神分析专属的领域。持这种看法的分析师有安娜·弗洛伊德（Anna Freud）、斯皮茨（Spitz）和鲍尔比（Bowlby），他们专注于与真实人物的分离（特别是儿童），以及在移情关系中与精神分析师这个真实人物的分离。例如，安娜·弗洛伊德认为，在治疗中体验到与精神分析师的分离会激活个体童年期真实分离的记忆，并在移情中重现（Sandler et al.，1980）。

虽然弗洛伊德在1926年明确地提到本能——希望客体消失的潜意识愿望——当他把引发焦虑的主要原因归为分离时，谈的不仅仅是现实。不过，过度强调现实的指控却同样瞄准了他，特别是一些法国的精神分析师，如拉普朗虚（Laplanche，1980）。弗洛伊德试着根据相应的发展阶段为分离赋予不同的意义，区分前生殖器期的出生分离、断奶与粪便的丧失。拉普朗虚却因此认为，弗洛伊德在专门寻找一个最初的真实事件作为焦虑的起源。在我看来，就《单调的弗洛伊德学说》(*Flattening of the Freudian Doctrine*) 中对此的观点来看 (1980:144)，拉普朗虚对《抑制、症状与焦虑》一文中某些歧义的批判有点过火。正如许多当代精神分析师一样，我个人认为，弗洛伊德想要在这一新的焦虑理论中为分离与客体丧失的幻想赋予不同的意义——意义会因主导的躯体感觉以及婴儿发展过程中的身体与心理体验而有所不同，不同的意义也引发了不同的幻想。尽管弗洛伊德的一些构想是尝试性的，但在他看来，真正导致分离或客体丧失的创伤或危险的，是终极需要与本能。《抑制、症状与焦虑》一文中的研究证实了这一点，本书随后将对此进行阐述。

就梅兰妮·克莱茵 (Melanie Klein) 的观点而言，有关分离与丧失的焦虑主要与毁灭客体的攻击性幻想有关。在她看来，对客体消失的担心可能会被体验为一种偏执的形式——主要焦虑的是遭受坏客体的攻击，或者是一种抑郁的形式——对丧失内在好客体的焦虑超过对遭受坏客体攻击的担心。因为克莱茵非常重视内在世界与幻想，这有时候可能会让人觉得她几乎没有顾及外在世界中真实客体的影响，不过事实并非如此。为了拓展弗洛伊德及亚伯拉罕 (Abraham) 的早期假说，她事无巨细地描绘了本能及防御性的冲突——如躁狂与抑郁——引发的对破坏性与客体丧失的焦虑（同时与内在及外在客体相关）。在我看来，克莱茵学派设想的本能与防御在幻想毁灭客体的过程中所起的作用，为精神分析师提供了一些方法，不仅对内在与外在客体之间复杂的关系能有更好的理解，而且能够在移情关系中更精确、更恰当地诠释它们。

因此，精神分析的视角看待分离焦虑的优点，在于让我们贴近面对分离与客体丧失时的意识与潜意识心理反应，并使之发生改变。无论丧失的来源是外在现实，还是基于纯粹的幻想——即被我们压抑的潜意识愿望。这些体验会在与分析师本人的移情关系中重现，由此可以被诠释、修通。

分析关系中的分离焦虑

正如分离焦虑会在日常的人际关系中出现一样，它也会出现在分析师与接受分析者关系的熔炉中，给移情的发展留下烙印。这类焦虑的表现形式与那些发生在日常生活关系中的没什么两样，不过分析情境的优势在于能够揭露并涵容这些现象，对此的处理方式与对待精神分析过程中出现的所有复杂的移情现象一样，因此它们可以被诠释。

在精神分析性治疗中，分离焦虑无处不在，特别容易出现在治疗的结尾、周末与假期，或者是分析快要终止之时。在日复一日的临床工作中，我们都知道分析会面中幻想或真实的中断会激起极为多样化的反应。我将在第二章回到这一点，并附上相关的临床实例。比如说，最典型、最常见的情感反应是愤怒、难过（或绝望）、行动化（acting out）、暂时性的或相对长久的退行（regressions）、横向移情（将情感置换到一个或多个他人身上，而不是当事人）。否认分离焦虑是恐惧分离与丧失的典型反应，明显缺失分离反应的现象隐藏着极度强烈的焦虑。

并非所有接受分析者都会以同样的方式对这些情境做出反应。有些人可以忍受分析师的缺失——无论是幻想还是现实层面，因为他们可以象征化缺失。总的来说，这些接受分析者可以与分析师直接沟通他们的情感反应，毫不含糊地述说自己身上被激起的悲伤与孤独感。相反地，另一些接受分析者则高度敏感，很难忍受分析师的缺失，无论是幻想还是现实层面。有时候，感到被分析师永远抛弃，这些主体身上可能会呈现出灾难性的部分，甚至会对继续分析表示怀疑。这些接受分析者常无法直接表达他们对分离的不容忍，于是我们要面对的是原始的防御机制，如否认（disavowal）、分裂（splitting）、投射与内摄（projection and introjection），而不是压抑。当焦虑的程度过于强烈时，压抑的确是不够的，正如弗洛伊德所述（1927e，1940a），自我需要通过分裂的防御机制来对抗难以忍受的内在及外在现实，使得一部分的自我否认现实，另一部分则接纳它。

就我来说，我认为当分离焦虑出现在精神分析治疗中的时候，分析师有必要觉察并诠释它，以便接受分析者能够将它修通。不过，此时会出现的一个主要困难是：这类焦虑会让分析师与接受分析者双方形成强有力的阻抗，因为接受分析者身上自恋的原始防御占据着主导地位，他们对这种移情表现形式一再的否认会让分析师失去诠释的勇气。鉴于所有这些原因，诠释分离焦虑并不是一个简单的事，需要分析师具备丰富的经验：首先能够识别这些焦虑，它们常常通过非常迂回的方式表达，然后再找到合适的诠释，及时并正确地诠释它。这与事先准备的诠释是截然相反的，备用的诠释常常是告诉接受分析者，如果他感到难过或者是按一定的方式表现，那么可能是因为他想念分析师了。这样的诠释在形式上可能是正确的，不过过于简化的内容很快就会变得啰唆，也不足以解释面对分离时种类庞杂的反应，虽然它也提供了一个能够让接受分析者意识到移情的好机会。

从临床实践到各种理论

随着精神分析过程的演变,分离焦虑也会经历转变,可充当有意义的指针,预示着分析师与接受分析者之间的移情关系出现变化。

将分离焦虑看作是治疗进步的标准,开始于1950年瑞克曼(Rickman)的一项研究。他试图定义一个"不可逆点",标志着人格整合的过程已经达到了一个可以稳定维持的水平。在列举的6个因素中,瑞克曼把接受分析者对周末的反应看作是移情的一项重要准则。在他的工作之后其他分析师也对分离焦虑与精神分析过程的关系进行了研究,从反映在周末幻想或梦中的治疗过程的研究,到把整个精神分析的过程看作是修通分离焦虑的观点(Meltzer,1967)。

尽管对精神分析师来说,要观察到这些变化相对容易——特别是逐渐减弱的分离焦虑的临床表现,即分离焦虑能够在俄狄浦斯情境下更好地被容忍、被整合——但是比较困难证明的是从临床的水平、从一个更广泛的理论框架内对这些现象进行解释并理论化。这一点也得到了一项研究的证实,研究的对象是精神分析思想史的演变。

一项关于精神分析思想发展的研究,确实证实了分离焦虑最初是临床与技术上的概念。在过了很久之后,这些临床现实才被纳入理论性的概念框架中。例如,弗洛伊德最先在有关技术的文章中指出,"即使是短暂的中断,也会对我们的工作产生轻微模糊的影响。当在星期天休息之后重新开始工作时,会出现我们常常开玩笑说的'周一的硬壳'(Monday crust)"(Freud, 1913c)。在职业生涯的晚期——已经70岁高龄——他才在修改焦虑理论时纳入分离与客体丧失,以便响应兰克(Rank)的《出生创伤》(*The Trauma of Birth*, 1924)。其他精神分析师也开始对治疗中的分离现象进行临床观察,不过他们没有试图用理论来解释。费仑奇(Ferenczi)注意到他病人的"星期天神经症"(sunday neuroses)会在分析中重现(1919),这一观察被亚伯拉罕证实,他报告了他的接受分析者"在星期天、节假日来临时,神经系统失调问题会暂时性地恶化"。

后来,精神分析师们把分离焦虑看作是移情关系的组成部分,这样便可以更准确地理解分离焦虑。他们开展了一项更加细致的研究,对象不仅包括人际关系间情感连接的复杂特性,也涉及自我如何卷入客体关系的变化之中并被修改。

为此,在任何有关分离焦虑的研究中,被研究的现象都会被放置在客体关系精神分析理论的框架下加以考虑,我们也将看到这些理论因理论家的不同而不同。出于这些原因,没有统一的精神分析理论可以包含所有临床上观察到的、与这类焦虑有关的现象。不过，指定一个主要的客体关系精神分析理论（无论哪一个都行）作为参照来理解分离焦虑总是必要的。

第 二 章

临床案例：奥莉维亚的分离焦虑

"重要的东西用眼睛是看不见的，人只能用心灵才看得清楚。"

——安托万·德·圣·埃克苏佩里

接下来，我们将通过一个临床案例来呈现分离焦虑在精神分析过程中的各种表现形式，以及该如何对分离焦虑进行诠释，由此揭露治疗过程中移情现象的变化及其意义。

分离焦虑的各种表现形式

我要介绍的案例中案主名叫奥莉维亚（Olivia），是一位在精神分析历程以及移情关系中充满分离焦虑（及其变换形式）的病人。奥莉维亚因为对建立人际关系感到焦虑而寻求分析的帮助。每当成功建立一段关系之后，她就会忽然中断这段自己主动发起的关系。她持续地接受了几年的精神分析治疗，每周4次。

在分析的第一个周末，我对奥莉维亚面对首次分离的强烈反应感到吃惊。在这之后，这样的反应反复出现，尤其是在每次治疗结束的时候、周末和假期的间歇以及整个分析临近尾声之时。起初，分离焦虑的表现形式非常喧嚣与惊人（至少在我看来是这样的），尽管在后来因为分析的深入而不断减弱。奥莉维亚一开始无法意识到她的这些表现与间断性的会谈节奏之间的移情关联，即便我对她诠释了这一点。后来，她逐渐意识到这些反应的意义，能够更好地修通它们，接受关于这类焦虑的诠释，而不是选择忽视或否认。

这些表现在形式上种类繁多，性质上也有非常大的差异。有时候是情绪反应，比如：突如其来的、无以名状的焦虑，或者是暴怒。奥莉维亚会通过直接或间接的指责让这些情绪向我扑来，并且非常肯定地说我打算抛弃她。在另一些时候，她会整天沉浸在抑郁和绝望中。见诸行动频繁出现在分析开始的时候，我会直接把它们与分析的间歇联系起来，虽然她很难意识到这种可能的关联。当治疗间歇临近的时候，她会迟到或者忘记一次或多次的会谈。奥莉维亚常常会在周末或假期照顾身体不适、处于痛苦中的朋友，这些朋友有男性也有女性。她还会让自己忙于各种活动，直到筋疲力尽，达到"忘我"的状态。不过，她没办法说清楚想用这种方式忘记什么、忘记谁。有时候，分析的间歇常常是奥莉维亚选择中断一段关系，或者是开始另一段新的关系的时机。她的分离焦虑还会以躯体症状的方式表现出来，比如：头痛和胃痛。奥莉维亚还发现自己会有失眠或嗜睡的问题，这些睡眠障碍也与治疗的间歇有关。我还记得奥莉维亚不止一次在我缺席的第一天病倒，让家里人照顾她直到我们恢复会谈的前夜。治疗当天，奥莉维亚以"痊愈"的状态来到咨询室，完全没有意识到这个巧合，尽管在我看来这极为重要。在很长的一段时间，我完全没办法让她想象所有的这一切与移情有关，不过她后来确实逐渐意识到了这一点。

上述内容只是列举了奥莉维亚面对分离时的部分反应。由于分离反应是变幻无穷的，对它们进行诠释的时候，我们必须尽可能地考虑当下处于变动状态的移情情境，而不是给出笼统或备用的诠释。

当然，我无法回忆起所有关于分离焦虑的诠释。首先，因为它们数量很多，每个诠释都是根据特有的单一情境"量身定制"的。其次，我的目的不在于提供现成的"处方"。因此，我要做的是展示一系列相关的事件，它们生动地呈现了奥莉维亚的分离焦虑在分析过程中的表现形式，以及我诠释这种焦虑的方式。

见诸行动的意义

就像我们刚刚看到的,分离焦虑的表现形式是非常多样化的,我们每次都会遇到新的特殊情境,其中最为突出的就是由分析会谈的不连续性引起的见诸行动。因此,我们必须一再地问自己,在每个单一情境中,出现了哪些比较特殊的因素。

我们先来看一个分析中反复出现的状况:奥莉维亚会突然对一个生病的人产生兴趣,耗尽力气照顾这个人,几乎达到忘我的状态。这样的状况只发生在周末,并延续了一段时间。这个行为的移情意义十分明显,因为奥莉维亚会突然将投注在移情关系中的兴趣转向他人,而且是她一天前还不认识的人。对奥莉维亚来说,这的确是一个奇怪的行为——她突然对一个人产生兴趣,并且觉得这个人在各方面都与自己很像。不过,只要我们的会谈一恢复,她便会同样快速地失去对这个人的兴趣。某个周五,奥莉维亚在离开前拐弯抹角地说我忽视了她,没有给她足够的关注。她还"顺便"提到,当她还很小的时候,妈妈经常留下她一个人,而且她还要照顾弟弟。这样的联想似乎也在告诉我们,在奥莉维亚看来,周末的分离意味着被我独自抛下,同时她也否认了这样的想法带给她的心理痛苦,在潜意识里将悲伤转移到另一个人身上,事实上她期望的是我在周末也能够照顾她。

然而，我必须要问自己，奥莉维亚转移（displacement）情感投注的意义是什么？这仅仅是从一个人到另一个人的暂时性转移吗？我还留意到，奥莉维亚并不是随机挑选出这些人的，她似乎无意识地在相应的人身上寻找同样的情绪，那些因为周末与我分开而在她身上激起的情绪：如果她当时感到抑郁，那么她就会找到一个抑郁的人；如果她当时觉得很费力，就会找到一个苛求的人。所以，按照奥莉维亚的说法，这个人的心智状态在各方面都等同于她那些无法对我直接表达的心智状态。

显然，奥莉维亚的见诸行动并不是一个简单的转移——把投注在我身上的情感转移到另一个人那里——而是在进行一种双重的投射性认同。通过这种方式，她一边防御与我有关的分离焦虑，一边否认这种焦虑。一方面，奥莉维亚将无助投射到周末接受她照顾的人身上，通过照顾另一个人，奥莉维亚在潜意识里实际上照顾的是她自己以及她的痛苦——投射性地认同了他人的痛苦（这个人与奥莉维亚处于自恋融合状态）。另一方面，奥莉维亚的见诸行动也代表了她对我（作为一个理想照顾者的我）的认同：在充满理想化的想象中，我看不见自己的任何弱点，只会照顾无助的他人（因此，她通过投射性认同的方式认同了一个全能的内在客体，即一个被理想化的分析师——

缺乏敏感度，也无法承认他自己的无助）。无论是无意识地认同接收了她投射的痛苦的人，还是认同一位因为对心理痛苦无感而变得全能的理想化客体，奥莉维亚都不用再感受到与我分离的痛苦，并且通过变得更加强壮与全能来隐藏她的无助。

对一个外在客体加上一个内在客体进行投射性认同，由此便可以否认任何与移情关系中分离有关的痛苦。然而，奥莉维亚这样做的代价是失去了部分的自我与内在好客体。

诠释这两类防御的不同表现形式也是非常重要的。起初，我打算先对奥莉维亚诠释她为何利用容器—受涵容者（container-contained）形式的投射性认同，而打算把幻想内容的诠释留到第二阶段。我认为分两个阶段进行诠释是这个个案所需要的，奥莉维亚必须先恢复自身对于焦虑的容受能力，只有在重新发现自己的这种能力之后，她才有可能将注意力放到象征水平的幻想诠释上，即那些她通过联想与梦呈现给我们的幻想材料。举例来说，在刚刚描述的那个见诸行动的情境中，要先帮助奥莉维亚理解：被独自抛下的强烈痛苦来源于过去情境的重现（妈妈将她和弟弟留下）；认识到这一点后，再帮助她意识到照顾他人的行为有很多不同的意义，包括暗地里指责我不知道怎样照顾好她。

我可以继续以这样的方式提问，毕竟，它们只是分析师在面对这类临床素材时为了做出判断而提出的问题，为的是在节制与诠释之间做出选择。如果他决定诠释,那么就需要根据焦虑的水平确定迫切的要点,让诠释能够贴近正在发生的真实情况,能够考虑到会谈的脉络以及特定时刻精神分析历程的情况。

婴儿期心理创伤的重现

分析的不连续性通常会唤醒来访者有关早期分离或客体丧失的记忆,这部分将在移情关系中重现,从而得以修通。我将以奥莉维亚的某个典型症状(在分析中睡着)为例,说明分离焦虑的这个面向。睡着通常与会谈的结束或周末的间歇有关,尤其是计划外的突发状况。从分析一开始,我就已经注意到奥莉维亚非常频繁地在周五的治疗中睡着,抢在周末分离之前"离开"。在某些时候,她总是无法抵御睡意,不只在周末前的治疗中睡,就连整个周末都会被睡过去。不过,当她一想到将要去接受治疗,睡意就会消失,好像仅仅通过想起我,就能让这个症状消失。

在她分析的早期阶段,奥莉维亚意识不到自己会在治疗中睡着、睡了多久,也意识不到她总是在每周最后的一次治疗中睡着,也就是在她和我分离的前夕。渐渐地,通过对她的联想、记忆和梦的工作,我们才能够假定:周末的分离激活了她早期与妈妈分离的无意识记忆,这甚至比我们之前提到的还要早,并且在奥莉维亚与我的关系中重现。原来,在奥莉维亚还不到6个月大的时候,她妈妈就不得不将她托付给别人照看。一段时间后,妈妈回来了,奥莉维亚却和之前不一样了。她已经认不出妈妈,而且从那时起,她经常会在独自一人的时候睡着。奥莉维亚在我们的移情关系中将我看作是她的妈妈,并且重复着她曾在婴儿早期体验过的被抛弃的情境;不过,她无法用语言表达这些,而是通过非语言、躯体化的方式。奥莉维亚通过面对我时睡着的方式"重复"着她婴儿期的防御,以此代替对过往的"记忆"(Freud, 1914g)。

一般来说,睡着这一症状可被看作是婴儿期"心理创伤"的情境再现,当时这一创伤没有被完全修通。不过,从某个特定的层面来说,我们能够看到,随着奥莉维亚的进步,每次与睡着有关的幻想内容都在变化。起初,她觉得睡着与分析关系全然无关,不过她渐渐意识到自己会在分离临近的时候睡着,以及与此相关的婴儿期经历、幻想与情感。

她睡着这件事,作为一种暂时的退行,可以用不同的方式予以诠释。我可以允许她在我的陪伴下充分地经历这个过程,直到她自己慢慢知晓一切。不过,我偏向于另外一种不同的诠释方式:让奥莉维亚知道,她睡过去是一个主动的、充满攻击性的无意识防御,用于避免觉察到我俩之间的分离以及我的存在。毕竟,分离或丧失的威胁,是迫使我们认识到爱人的存在的原因。通过在离开之前睡过去,奥莉维亚就能够成功地否认我们之间关系的重要性,否认迫在眉睫的分离和我的存在。正如西格尔(1988)所说,奥莉维亚睡过去的表现不但抹杀了客体,也是在降低自己的感官功能(她须得通过这些感官来觉察、看到、听到客体,或是与客体发生联系)。

  从另一个不同的观点来看,奥莉维亚的睡着是一种我们熟悉的防御形式:她分裂出的部分自我,与被内摄的理想化(迫害性)客体发生部分认同。通过内摄,奥莉维亚会获得一种全能感(她在自己内部拥有着我、并自恋地控制着我),由此来否认一切分离。同时,这个防御加强了理想化客体和迫害性客体之间的分裂,以及情感的分裂,这样她就可以不用意识到自己对我的本能冲动(包括力比多本能与攻击本能)。奥莉维亚无法用语言对我描述这些内容,也无法在移情中将这些部分投射给我。当奥莉维亚终于能够直接用语言表达对我的攻击、并且能够看见这与她对我的依恋有关时,她睡着的情况减少了。取而代之的是,奥莉维亚开始变得信任我,从而可以直接攻击我,指责我在治疗结束时、周末期间扔下她不管。我的另一个病人也曾精准地表达过类似的感受:"除了一再的缺席,你什么都没做,你就像一块奶酪,一块除了上面的洞,什么都没有的奶酪……"

修通俄狄浦斯情境

细看奥莉维亚的症状（睡着），我们还会注意到，随着分析的深入，分离幻想的意义也在不断地变化，逐渐从前生殖器水平（pre-genital）向生殖器水平（genial）移动，靠近俄狄浦斯情境的修通。

分析刚开始的时候，这一症状（睡着）首先被用作防御，来避免意识到我是一个与她不同的独立个体。后来，治疗的间隔唤醒了她婴儿期被抛弃的记忆，与之相关的幻想内容也随之出现——这是一个更早期的情境，第一次以其本来的面貌在分析中重现。在分析的后期，睡着这件事所蕴含的情感和幻想变得更加得复杂和宽泛，奥莉维亚也开始在我们的关系中用语言表达这些内容，于是症状被放到了一边，移情关系中的情感因素成了首先要处理的议题。奥莉维亚表现出更能忍受挫折、焦虑、被迫害或抑郁的情绪。我的缺席对她的意义也逐渐发生了变化，呈现出更多生殖器期的性意味，我也更能够被看成是一个具有特定性别的分化的个体。在分析开始阶段被体验为抛弃的分离（母婴二元关系背景下），现在也逐渐被放置到俄狄浦斯情境中来体验，首次呈现出嫉妒（envy），以及随后出现的对父母之间夫妻关系的妒忌（jealousy）。现在，我可以诠释睡着这一症状的不同意义了：它可能更多地在表达奥莉维亚面对父母亲密的融合状态而产生的被排除在外的感觉，或者，也可能是更多地满足了她想要与代表父亲角色的我睡在一起的无意识愿望（后俄狄浦斯期对母亲的内摄性认同）。

当然，这些发展不是线性的，而是不断地在前进与后退的过程中摆荡。不过，我们也会看到，随着逐步修通俄狄浦斯情结的过程，在整体上分离焦虑的表现和对其的防御呈现出逐渐减少的趋势。也就是说，当分析师缺席的时候，奥莉维亚的痛苦减少了，因为缺席的是一个满足愿望的客体，而不是一个只允许在幻想（hallucination）中渴望的客体。

爱与恨的两难

爱与恨相连的阶段，以及爱与恨分离的阶段，构成了分离焦虑最基本的内容。我个人认为，识别出这些阶段、并用诠释的方式让爱与恨重新结合是很重要的。当奥莉维亚的分析变得稳定时，她便能够较少地依赖那些原始的防御，比如：分裂自我与客体、投射性认同和理想化。她更能忍受爱恨交织的矛盾关系、逐渐增强的现实感以及与分离有关的焦虑感。奥莉维亚能够更好地处理她的愤怒、对我的敌意以及她的内疚感。分析会谈的不连续性开始唤起她真诚的感激，虽然同时也存在难过和痛苦。在我的假期即将到来之时,奥莉维亚尖叫着表达了对我的愤恨与绝望,治疗性会谈充斥着剧烈的情绪。忽然有一天,她的愤怒平息了,接着用下面的这段话强烈地表达了对她而言我的存在的重要性:

虽然我今天很不想来,可还是来了。通常我会觉得我没必要来了,因为我无法抓住你,也无法做点什么来阻止你离开。起初我觉得你离开是因为你不在意我,随后我觉得是我自己无法面对你离开这件事……我无法忍受你的离开:一旦我能够忍受了,我就不需要再来了。不过,当今天来到这里,我看着你的脸,从你看我的眼神中,我真实地感觉到对你来说我也是很重要的。我多希望分开的时候能够留住你——当你不在的时候,我不仅觉得整个世界是空荡荡的,就连自己也好像枯竭了。然而有时候,就像今天,我看着你,我告诉我自己,生活还是值得过下去的。

奥莉维亚这时候表达的感受具有典型的抑郁心理位置特征,一种爱恨交织的矛盾情感。随后,我们还会看到这种爱恨交织的矛盾情感为何与生殖性(genitality)有关。

分析结束时分离焦虑的重现

随着分析临近结束，奥莉维亚的焦虑有时会复发，需要再次诉诸强烈的投射性认同来防御分离焦虑，这时候的分离焦虑主要是由分析结束引起的。下面就是其中的一个例子以及我的诠释。

有一次，当我意识到她飞速的进步时，我还注意到奥莉维亚会忽然对我产生一种尖锐的态度：她开始指责我不但忽视她，还用我的诠释责备、指责与贬低她。她接着补充说，我迷失方向了，已经无法称职地进行分析工作，并且在为专业上的失误感到内疚。我疑虑了一会儿，想弄明白我犯了什么样的专业错误需要感到内疚。接着，我顺利地从这个迫害性的气氛中抽出身来，意识到奥莉维亚重新陷入焦虑的真正原因很可能是她最近的进展，因为每一次的进步都会唤起她对于分析结束的焦虑，而这一点我之前已经提过几次。所以我想到的是，通过责备我的专业过失，奥莉维亚可能是要指责我带着她朝着更高的分化水平发展，因为那样的状态也预示着她与我最终的分离。

我从不同的方面向她诠释这一点，表示我能够理解她，但都没有用。相反，奥莉维亚变得越来越尖刻，在治疗中大声叫骂着指责我。我们的分析变得无法维持下去，我觉得我再也无法碰触到奥莉维亚健康的自我了,因为她被焦虑搞得发狂。意识到奥莉维亚无法听进去我的话之后,我改变了方法。我决定直接用语言表达出她通过投射性认同投给我的情绪,就好像那些话是她自己说的一样:"我正在发生如此巨大的改变,看待分析师的方式也变得极为不同,所以我害怕他会犯专业上的错误……"

我刚刚说完这句话,奥莉维亚就恢复了理性。这一刻她觉得困惑,不确定这句话是她说给我的还是我说给她的。奥莉维亚开始变得整合,说她不知道为什么会这么激烈地指责我,但是她之前几个星期非常担心自己无法继续分析——她犯了一个专业错误,差点丢了工作,那样的话她就无法支付分析费用了。通过这种方式,奥莉维亚承认进展带给她很强烈的、对于分析结束的焦虑,这个分离焦虑导致她过度依赖投射性认同——这种方式曾经因为分析师的诠释而有所好转,丹妮尔·奎诺多(Danielle Quinodoz, 1989)对此有过细致的说明。

做自己,忍受孤独

随着我们分析工作的进一步深入,奥莉维亚逐渐变得能够充分体验我俩关系中的复杂情绪。有一天,她用极其微妙的语言向我解释在大量地使用投射性认同来对抗分离焦虑时自己

的感受,特别是成功隔离分离焦虑的时刻:

> 我意识到,如果我失去了部分的自己,那么不仅仅是失去了我自己,我失去的还有你……如果我拿回放置在你那里的部分自己,我就会觉得我和你是分开的,因为我们不再"连在一起",不过随后我就会开始害怕失去你。

这恐怕是对从自恋到客体关系的过渡所做的最好的总结了。

当她感受到自身的完整性时,奥莉维亚就有了一种自己是独一无二的感觉。她是独自存在的,与他人不同,更与我不同,这样的感觉伴随着一种全新的责任感。就像马塞尔·斯皮拉(Marcelle Spira)过去曾说的那样:"当一个人越整合,他就越能感受到独自存在。"不过,感到"独自存在"的痛苦与感到"被抛弃"的极度痛苦是非常不一样的。

奥莉维亚意识到这种新的感受带来的影响,并且用下面的话跟我交流这种体验:

> 现在,是我自己决定来接受治疗的,过去我对此没有任何责任感,因为我不需要做"要不要回到治疗中"的决定:我之前回来是因为我需要寻回留在你身上的部分自己。不过,当我像现在这样觉得自己是完整的时候,我是自己回来找你的,你

就是你，一个独立的人，一个在等待我的、让我非常依恋的人。

奥莉维亚正在驯服孤独。处于孤独状态的她不再像分析刚开始时那样，觉得自己被遗弃在一个充满敌意的世界中，而是选择为自己的生活负责、与她认为有价值的人（尤其是分析师）建立连接，即便他们是不完美的。在奥莉维亚的体验中，分析师的缺席不再象征着一个充满敌意的坏客体的出现，而是一个重要客体的缺席，这个客体留给她的珍贵记忆修正了她对世界的感知，认同这个客体也让她发现自己内在具有忍受等待的能力。

我展示的这些不同的片段，不是对奥莉维亚分析过程的总结，而是为了强调在临床实践中诠释分离焦虑表现形式的一些可能的方面。这会让我们看到，分析会谈的不连续性会导致多重移情现象，它们都可以归为分离焦虑。这些情境也提供了一个极有价值的机会，来诠释分析关系中的重要方面。

第 三 章

诠释分离焦虑的取向

"你们就像先前的那只狐狸,它只是一只狐狸,同其他成千上万只狐狸一样。但是我让它成了我的朋友,因此现在它是世界上独一无二的了。"

——安托万·德·圣·埃克苏佩里

分离（separation）与分化（differentiation）

在进一步深入之前,我想先从分离焦虑的视角来澄清"分开（separating）"在精神分析中的意义。目前,"分离"这个词在精神分析学中有两种不同的用法,有必要从理论及临床的角度对它们进行区分。

"分离"这个术语首先意味着一个人离开另一个他已经建立信任关系的人。也许有人会说,当事人知道他心力贯注的对象是谁、他在思念谁、他自己是谁,这个暂时缺席的人让他感到孤单、难过、愤怒或痛苦,不过有时候也会感觉到解脱与自由,这些感觉不是互相排斥的。分离属于一段关系中的一部分:关系中的另一方被认为可以自由地来去,自由地选择或放弃他的关系。时间与空间上的分离并不一定意味着与客体情感连接的中断或丧失客体的爱,因为一个可靠的客体不会利用分离来抛弃主体。人际关系并不要求客体永久在场,即使这种在场会给关系带来满足,缺失则会造成不满。短暂的分离伴随着归来的希望,虽然每次分离都会激起对最终永久真实丧失(或丧失爱)的担心。换句话说,被贯注以心力的他人的缺席,会影响当事人的情感,不过不会威胁到他们自我的心理结构。在这种情况下,丧失——即永久的分离——会引起与哀伤工作相关的心理痛苦,不过客体的丧失不会连带自我的丧失。

相反,当个体呈现出焦虑的迹象,特别是与重要他人分离的危险让他们的自我感受到威胁时,"分开"对他们而言便具有完全不同的意义:重要他人的缺席会激活一种焦虑,即当某人被迫感知到自己并不是客体、客体与他们的自我是分开的、他们并不相信客体的意图时,他们的自我会体验到焦虑。他人的缺席引发的是"他人并非自我"的痛苦感知,就像弗洛伊德所说的,婴儿"还无法区分自我与外在世界……他逐渐学会如何区分"(1930a)。在这种情况下,与他人"分开"的感觉,在无意识层面意味着个体自我的完整性受到了威胁。这是因为自我与客体之间保持着一种非常特殊的依恋连接，在我看来，这种连接的特征之一是部分的自我与部分客体之间持续保持着一种分化不足的状态。出现焦虑是因为分离不仅被体验为客体的丧失，同时也是一部分自我本身的丧失，为了继续与客体融合，这部分自我会跟客体一起离开。

因此，根据个体体验到的不同水平的分离，"分开"在精神分析学中有两种非常不同的含义：分离可能会在关系情境中被体验到，即两者中的一方离开了另一方，并伴随着特定的情感反应；或者，分离可能会被体验为部分自我的丧失，是由客体的丧失引起的。

在儿童发展的过程中，自我会逐渐与客体分开，这个过程在我看来应该用"分化"（differentiating or differentiation）来命名。最初这是费尔贝恩（Fairbairn）的建议，他是第一个关注主体对客体的依赖形式的分析师。他主张，婴儿式的依赖基于主体与客体的分化失败，而成熟的依赖则包括将他人看作是分开的不同个体（拥有特定的性别），对他人的欲力贯注以俄狄浦斯情境下的三角客体关系为特征。在我看来，"分开"或"分离"指的是对关系情境中分离的体验，即其中一人承认另一个人以客体的形式存在；而"分化"应该被用来指代自我—客体未分化的早期过程。

马勒（Mahler，1975）在工作中提出的"分离—个体化"概念，在很大程度上增加了我们对这些早期过程的了解，并产生了相当大的影响。不过，引进"分离"这个术语，以及它与自我—客体分化阶段的联系带来了持续的误解，马勒也没有完全处理好这个问题。在她看来，"分离"仅仅指代一个内在心理过程，不像斯皮茨和鲍尔比一样研究真实的分离（Pine，1979）。

区分是为了统一

分离与分化是密切相关的，两者在精神分析治疗中的修通工作也是同时进行的。虽然出于教学的原因，这些过程可以在理论上做出区分、进行对比，两者也可以被看作是接连发生的。不过由于二者需要在精神分析的过程中一起被修通，在临床实践中区分它们非常困难。

毕竟，自我处于持续的变化中，不断地进行着重构。在自我不断寻求身份的过程中，我同意斯皮茨（1985）的观点，将自我看作是从分散的元素中不断重新创造新事物的过程，一个类似于艺术创造的过程。我相信，在这些持续的投射与内摄、前进与撤退的运动中，可以清楚地看到一条发展线，位于自我与客体的关系之中——尽管这并不意味着存在一种持续前进的发展——为了能够回到这部分,我认为拥有某些体验是必不可少的。例如,在我看来,这条发展线事实上是分化过程的必需品,建立分化的过程是为了让分离的过程得以发生:接受分析者日渐感知到分析师的存在,渐渐地学会区分什么是属于分析师的、什么是属于自己的,并由此认识到自己的身份,识别与分析师身份的不同。

随着反复的分离与重聚,在自恋水平修通(work through)分化以及在客体水平修通与分析师的相遇成为可能。分析前进的条件之一是接受分析者与作为独立个体的分析师相遇的能力,作为客体的分析师能够逐渐被贯注以心力,并在分析终止之时被放弃,接受分析者在放弃分析师之后能够保持自我的整合与完整,与分析师充分、恰当的分开。从这点上看,我们无法彻底地完成寻找自己的历程,正如我们无法完全地熟悉另一个人。这一神秘的现象是持续变动的一部分,而生命的精彩也在于此。

分离焦虑与哀伤

分化与分离的过程与哀伤的工作密切相关,因为与他人分开的能力不仅意味着有能力在关系层面完成哀伤工作——关系中的一方接受与另一方是分开的;同时也需要在自我层面完成哀伤工作，包括放弃与分开的客体合二为一的渴望——一方接受自己从与对方融合的状态中分化出来。

大多数的心理过程都包含了哀伤的工作。无论是正常的发展，还是处理心理病理问题的过程，哀伤的工作都在履行清理的功能。首先，哀伤的工作在个体自我的发展过程中起到关键的作用：正常发展的不同阶段，或许可以被看作是贯穿一生的各种变化所导致的哀伤情境的产物（Haynal，1977，1985）。因此，要让作为心智生活核心组织的俄狄浦斯情结得到解决，哀伤的工作是一个关键因素。大量心理病理状态的修通也与完成哀伤工作的能力紧密相关，哀伤工作最基本的要素便是修通分离与分化的焦虑。对此，我们将给出一些例子。

让我们先从认同的角度来看儿童的发展，认同让俄狄浦斯情结得以解决。我们可以说，为了完成从自恋认同到内摄性认同（俄狄浦斯情结获得解决的特征）这一重要的过渡，个体必须先区分（分化）自我与客体。后一种认同基于以下认识：主体与客体之间的区别，以及性别与代际的差异（Fairbairn，1941）。与最初的客体认同并融合的倾向，是最原始的客体关系形式——"成为"这个客体，而不是"拥有"它（Freud，1921c，1941）。程度强烈时，认同还未被贯注心力的客体，并且与之融合的倾向，会加强俄狄浦斯情结的逆转——我曾经研究过女同性恋病人身上的这种认同（J-M Quinodoz，

1986，1989a）。与之不同的是，通过认同被放弃的客体，在俄狄浦斯情结逐渐减弱的过程中，放弃父亲与母亲（这样的机制类似于抑郁症患者的内摄），从而形成了正常的认同过程，吕凯（Luquet，1964）称之为"同化认同"（assimilative identification），而贝戈因（Bégoin，1984）则用"后俄狄浦斯内摄认同"（post-Oedipal introjective identification）这一术语。贝戈因认为，过度的分离焦虑是放弃自恋认同的一大阻碍，不利于内摄性认同。他把这一过渡性的转变看作是"分析的主要经济问题"（the main economic problem of analysis）。

正如我们刚才所见，哀伤的工作不仅存在于正常发展的过程中；它同时也是修通许多处于病理状态的客体关系的基本要素。比如说，可在抑郁症患者的客体关系中观察到病理性内摄，解决它们的一个关键因素是"自我—客体"分化与分开的过程。在范伯格看来，这些抑郁性的内摄如果不被修通，就会通过投射与内摄性认同的机制进入代代相传的不幸模式中。弗洛伊德在1917年解释说，抑郁症患者身上典型的病理性哀伤，也可以在具有某些偏好的个体身上看到——那些倾向于与客体形成自恋关系的人：这一混淆自我与客体的倾向，会促进个体以被分裂的自我的形式内摄丧失的客体并认同它。从1921年起，弗洛伊德开始用"内摄"代替"认同"来描述这种抑郁症的机制。

与客体融合的需求，以及与客体分开的焦虑，也会出现在很多其他病理性的状态中，为哀伤的工作造成困难，甚至有时候无法进行哀伤，如某些形式的倒错（perversion）、精神病状态与自闭症。再比如说，在精神分析的过程中，负性治疗反应便可以被看作是一种混淆主体与客体的倾向。

整合心智生活与发现身份感的阶段，同样需要哀伤的工作，这不仅关系到客体，还涉及与客体保持依附状态的部分自体，正如格林贝格（1964）指出的。这是因为在潜意识中，每一次的客体丧失以及每一种变化，都会被看作是与客体捆绑在一起的那部分自体的丧失。这就是为什么需要一个漫长且痛苦的哀伤过程，让构成身份的自我得以逐渐恢复它自身固有的一些方面。在我看来，创造性的工作同样也是漫长且痛苦的，因为它包含了哀伤的工作——发现我们自身的起源而引发的哀伤，即那些属于自己并用于构成身份的某些部分。这一哀伤与最早的客体保持着融合状态，我们无法彻底与这些部分分化。

丧失与获得

自恋与客体关系的辩证关系，其核心在于修通分离焦虑。

弗洛伊德在《抑制、症状与焦虑》一文中提出了这一观点，当时他第一次对两种基本水平的焦虑做出区分：一种是前生殖器阶段发展出的分离焦虑，相应的是两个人之间的关系，客体最初是母亲；另一种是阉割焦虑，相应的是俄狄浦斯情结中的三角关系。这一假设过于简化，需要某些限定条件。多数当代分析师认为，二元关系从未存在过，而第三者（父亲）一开始便已经存在了，即便只存在于母亲的幻想中。关于阉割，我觉得需要特别注意的是，弗洛伊德在引进关于焦虑起源的新观点时，对阉割与分离加以区分。为了不把"阉割"这个词用于丧失母亲的乳房、丧失粪便以及出生分离等情形上，像一些精神分析师一样，弗洛伊德从那时起便明确"阉割"这个术语的使用仅限于丧失阴茎：

　　认识到这一情结的一切根源的同时，我提出以下看法："阉割情结"应该仅限于那些与丧失阴茎有关的兴奋与后果。

（1909b，1923年加注）

　　我认为，自恋与客体关系这两个对立的存在体，对应着弗洛伊德所区分的两个层面的焦虑：分离焦虑与阉割焦虑。如果把这些看作是两者择一的，诠释的目的之一便是让接受分析者能够意识到：在自恋的倾向中和同时在客体的另一极倾向中，他们经受得起什么样的丧失与获得。认识到自体与客体的能力，仰赖于修通各种自恋的防御，这些防御有着两种相反的目的：一方面，避免感知到分化，进而否认分化（自恋的选择）；另一方面，避免发现客体（客体的选择）。

旨在避免感知分化、否认分化的防御会加强"自我—客体"融合的倾向。自恋的选择热衷于在一定程度上保持与客体的融合，以及为了不失去客体而"有形的"占有它。有形并不意味着真实：当自我与客体之间还未形成足够的分化时，部分的自我以自恋的形式与客体认同。于是，在自我的体验中，早期的象征符号并不是象征符号或代替品，而是原始客体本身，这会导致"象征等同"（symbolic equations）的形成（Segal，1957）。在这种状态下，几乎不存在缺失的概念，也不存在时间与空间的概念。这就解释了为什么很多接受分析者面对分离的反应是非常有形，他们会寻找别的客体关系来作为替代，将部分的自我或内在客体投射入这些客体中，并与之认同。这些投射不是进入外在客体（见诸行动），就是进入内在客体或被当作是客体的部分躯体（抑郁，疑病或躯体化）。在这些移情性投射与内摄中，自我与客体之间的任何差异都会被体验成一种完全丧失的焦虑。好像主体无法想象，除了对客体有形的占有以外，还有任何其他形式的关系。我们将这样的差异看作是原始自恋的危机、共生连接的破损或丧失融合。"与往常一样，我不会放弃实物而选择印象"，一位因为感到自己不得不放弃客体而充满焦虑的病人曾经如此对我说。

另一些防御机制的建立，则是为了拒绝发现客体。选择客体，意味着关系中存在一个能够认识客体、并信任客体的主体。尽管客体被认识，它还是保留了一定程度的神秘感，因为主体已经放弃有形地占有客体。同样，主体已经准备好不再与他人融合，并与他人分化，他能够忍受客体不能完全被自己了解，因为关系建立在象征化的心智水平上，仰赖的是客体的内在现实。当选择基于客体的关系而放弃自恋关系时，接受分析者初次感受到他将失去有形的客体——在真实地体验到被内化的客体象征性的存在、获得信任感与连续感之前，他很难想象这种感觉，因为他之前建立的都是基于占有与全能控制的关系。这样的体验包括与（认识到和自己不同的）他人沟通的能力、对于异性客体的性渴望，或爱上客体的情感。只有主体放弃对客体的占有，准备好还客体以自由，才有可能真诚地爱客体。

总的来说，只有主体在一定程度上成功地与客体分化，客体才有可能被认识；除非主体能够真诚地与客体相遇，与客体真的发生分离时，才有可能不体验过度的焦虑。这一过程是修通分离焦虑的核心，会涉及许多持续变化的方面，都需要通过诠释来处理。

自恋关系与客体关系的交叉点

临床经验显示，这两种层面的关系（客体导向的或自恋的）对应着接受分析者两种不同水平的分离焦虑反应。面对每次会谈的结束、周末及假期的间断，处于客体关系水平的接受分析者反应一般较为缓和，相关的表现形式也都接近意识层面。当这些表现被压抑时，分析师在移情背景中对它们的诠释也较容易被接受分析者所接受——他们面对分离的反应构成了与分析师关系背景的一部分，他们接受这一点。与此不同的是，处于自恋关系水平的接受分析者面对分析相遇的不连续性时，常常出现大量的焦虑反应，却无法意识到这些焦虑表现形式与移情关系变化之间的联系。他们通常无法看到一次分离可能会引起的各种麻烦，他们会轻视分离或全然无法意识到分开的人对他们的重要性。不仅分离会让接受分析者诉诸防御机制，如：否认、分裂、投射或内摄（这些机制会反过来影响他们的自我），客体的存在本身也很容易被他们忽视。在这种状况下，通过诠释让其自我恢复整合状态是首要的，接着再根据个体的不同进行诠释。可以说，只有当接受分析者被带回到会谈中，他们才能够重新获得自己的身份与体验，真正地感受到"此时此地"，从而将他们面对分离的反应与移情背景联系起来。我将用随后的一个临床个案来说明这点。

在我最初提到的处于客体关系水平的接受分析者身上，分离焦虑存在于客体关系中，存在于两个相遇之后再分离的不同个体之间。而对于自恋关系水平的接受分析者而言，分离焦虑倾向于被体验为自我的丧失，因为对自我而言，与客体保持融合的需要有着破坏性的后果，自我与客体之间是一种未分化的状态。

如何促进接受分析者从一个心智功能水平过渡到另一个，成了精神分析历程的一个核心问题——从自恋水平的关系（接受分析者有着强烈的分离反应，无法理解与分析师之间的连接）到客体水平的关系（接受分析者在人际关系的背景下体验分离，能够认识到与分析师的连接）。不管是否将客体关系理论作为基本原则，修通分离焦虑都将是精神分析历程的一个转折点与重要阶段。就精神分析历程本身的发展、评估分析的结束以及由此引发的幻想内容（如周一的梦）而言，这些转变的各种特征已经从不同的角度被描述、被验证（Grinberg，1981）。我自己就对"恢复力"的出现最为印象深刻——接受分析者逐渐看到，即使没有分析师，自己也能够"展翅飞翔"，于是恢复乐观的能力也渐渐被他们内化。我在结论部分会再回到这点。

分离焦虑与自恋障碍

到目前为止,我已经着重讨论了在精神分析临床治疗中如何应对分离焦虑,接着讨论了普遍的情况,只是没有明确提到精神分析理论的细节。是时候在各种精神分析理论的背景下研究这些议题了,这将会是本书第二部分的主题。

虽然开篇谈到一些可被观察的临床现象,并用一般术语来描述,以便所有精神分析师都能看懂,但同样的临床现象在不同精神分析师看来却是非常不同的,诠释的方式也因各自的理论立场而异。我们越来越多地发现,分析师个人的精神分析理论直接影响着他们的反移情态度。同样,我们关注当分离焦虑在分析关系中出现时,他们诠释以及避免对分离焦虑进行诠释的方式。我现在应该能够明白,这些技术上的选择取决于不同的理论背景。

为了阐明我的论点,让我们来看一个例子。这个例子关于从自恋到客体关系的转换过程中分离焦虑所占据的重要角色,以及应用不同的自恋理论处理分离焦虑时遇到的问题。我们发现,精神分析师有着两个极为不同的自恋概念,取决于客体是否一出生就能被感知到,而对于诠释技术而言,这些概念会造成非常不同的后果。

如果理论上接受原始自恋的存在，认为最初的自我与客体处于未分化的状态；在这种情况下，原始自恋可以说是一种自然的状态，个体需要在发展的过程中逐渐脱离这种状态。这也是弗洛伊德所采纳的立场，与广阔无垠的感觉相连（1930a）。同样的立场也得到了安娜·弗洛伊德、费尔贝恩、马勒（Mahler）、科胡特（Kohut）、格林贝耶（Grunberger）、温尼科特以及很多其他理论家们的支持。在这些分析师看来，一旦孩子开始感知到自我与客体的差异，便可以逐步脱离原始自恋的状态。这个过程被看作是力比多发展的一个基本阶段，其中分离焦虑起着核心的作用。在分析情境中，接受分析者被认为是退行到了婴儿发展阶段的水平（固着之处），以便自然的成熟过程得以重新开始。

相反，在梅兰妮·克莱茵以及追随她的分析师看来，原始自恋的阶段并不存在，自我与客体从一出生就能被感知到。不过，自我与客体融合的观点并没有完全被克莱茵学派摒弃，自恋的概念在引入投射性认同这一术语时再次出现了（Klein, 1946）。克莱茵学派的自恋允许主体－客体身份的混淆（Segal, 1979）与客体关系同时存在（因为主体需要客体来进行投射）。后克莱茵学派的分析师，如罗森菲尔德（Rosenfeld）、西格尔（Segal）、比昂（Bion）与梅尔策（Meltzer），随后开始发展自恋结构中包含的投射性认同与嫉妒（envy），并将这部分应用于移情现象以及精神分析的历程本身。

因此，上述分析师保留了基于克莱茵模型的理论框架，采用的方式也与那些相信原始自恋存在的分析师极为不同，他们开始认识到存在于客体关系当中的自恋现象的重要性。所以，在精神分析历程中修通分离焦虑也显得重要。

其他的取向则介于两种矛盾的自恋概念之间，例如科恩伯格（Kernberg）等人，强调自恋性人格障碍中攻击性所起的重要作用；或者是格林（Green）等人，对比了生的自恋（narcissism of life）与死的自恋（narcissism of death or negative narcissism）。

面对有关自恋现象的精神分析观点（试图解释分化与分离的问题）的多样性，我必须强调的是：尽管存在分歧与对立的信念，近年来的研究却显示出一些共性。出于这个原因，我认为是否接受原始自恋假说已经不再重要了。就个人而言，我相信客体关系从一出生便已经存在（甚至早于出生）。不过对分析师来说，最重要的是对每天临床实践中观察到的现象有清晰的概念，以便能够精准地诠释。

第二部分
精神分析理论中分离焦虑的位置

第四章

弗洛伊德、分离焦虑与客体丧失

弗洛伊德关于这个题材的理论大多包含在《哀伤与抑郁》和《抑制、症状与焦虑》这两部著作中。在1917年出版的《哀伤与抑郁》中,弗洛伊德描述了对抗客体丧失的防御机制,提出将丧失的客体内摄到分裂的部分自我当中会引发抑郁。几年后,在1926年出版的《抑制、症状与焦虑》中,弗洛伊德将焦虑归因于对分离以及客体丧失的恐惧,同时也彻底修正了他之前关于焦虑起源的观点。在弗洛伊德的著作中,这两个基本概念并不是孤立存在的,无法单独来看,我们也要参照弗洛伊德其他相关的重要文献对此的启发、解释与补充。

尽管弗洛伊德提出的基本假设,试图从精神分析的视角理解个体面对分离或爱人丧失时的动力,我们却很难在他的文献中看到有关移情与处理分离的临床材料。弗洛伊德对于这一主题的贡献,主要基于他对普通心理病理学以及日常生活的观察，并没有明确提到他分析病人的经历：例如，1905年写到的怕黑的孩子；1920年的孩子玩棉线轴轮的游戏；1926年的担心失去母亲的婴儿。纵观弗洛伊德的所有著作与书信，我们可以看出他对于人们面对分离或爱人丧失时的思念、孤独与哀伤特别敏感，包括他自己的体验以及对他人体验的观察。

弗洛伊德早期著作中的分离与客体丧失

婴儿期的依赖与无助

在弗洛伊德的早期作品中，早期客体关系的重要性已经不言而喻了。在他看来，婴儿处于一种无助的状态中，对他人的生理与心理的依赖构成了婴儿最初的存在，这也使得早期客体关系成了婴儿不可或缺的一部分。

弗洛伊德首次提到分离焦虑，是在他与弗里斯（Fliess）的书信中——尤其是手稿E中提到的焦虑的起源，以及《一项科学心理学的计划》（*A Project for A Scientific Psychology*, 1950a）一文。此处他曾多次提到人类的需要：人类自出生开始，就需要在周围找到某人（通常是母亲），帮助他释放由内在生理或心理需求所引起的张力。他将释放的需求与满足需要之人的相遇称作"满足的体验"。如果必要的行为——如喂食——无法让满足的过程发生，婴儿不成熟、无助状态就会阻碍生理与心理的发展。弗洛伊德用另一个概念,母婴之间的"沟通"(也许用"互相沟通"更合适)(1950a)来概括早期母婴关系在精神分析理论框架中的意义。这一概念后来被温尼科特(Winnicott, 1955)发展为"抱持(holding)"的理论,被比昂(Bion, 1962)发展为"容器—被涵容(container-contained)"的概念。

弗洛伊德也会认为,在被满足的体验中发生的客体丧失,构成了愿望的出现以及随后寻找客体的举动的基本原理。当然满足既可以是客观的,也可以是幻想的。在令人满足的客体缺失的体验中,令人满足的客体的形象会被重新贯注到象征化的表象中(愿望的幻想式满足)。随后,个体开始寻找新的客体,在弗洛伊德看来,他不仅仅要找新客体,也希望重新寻回最初丧失的客体、那个过去曾经提供真实满足的人(1925h)。

在与弗里斯通信的同时,弗洛伊德提出,自我最初认识到客体的存在是为了解释它的一些感知所引起的痛苦:"最初,有一些客体/感知会让人尖叫,这是因为他们会引起痛苦"(1950a:366)。随后,在《本能及其变换》(*Instincts and Their Vicissitudes*, 1915c)一文中,弗洛伊德将憎恨的出现与心理痛苦联系起来,涉及对客体不同方面的感知:如果客体是愉快的来源,就被认为是被爱的;如果客体是不愉快的来源,就被认为是被憎恨的。通过这种方式,弗洛伊德解释了朝向客体的憎恨如何出现在痛苦、创伤性的情境中，这样的情境在个体的体验中会被看作是对其心理生活以及生存的威胁。这些根植于敌意与负向移情的情感，对诠释分离焦虑而言是非常重要的。

恐惧分离是孩子焦虑的来源

在1905年，弗洛伊德已经非常直接地将孩子身上出现的焦虑与喜爱之人的缺席联系起来："孩子的焦虑不是因为别的，正是他喜爱之人缺席时的感受"（1905d:224）。弗洛伊德基于对一个怕黑的3岁小男孩的观察，总结出"孩子害怕的不是黑暗，而是喜爱的人不在身边，他一旦觉察到这个人在场的迹象，就会很快恢复平静"（p.224）。尽管弗洛伊德明确将这个孩子的焦虑归因于喜爱之人的缺席，他还是保留了对自己先前理论的信念，即焦虑来源于未被满足的力比多的直接转化。直到1926年，他才重新回到"焦虑来源于对分离与客体丧失的恐惧"这一概念，并认为它不仅适用儿童，也适用成人。

同样的看法也适用于弗洛伊德（1920g）之后对于一个孩子的游戏的反思。当母亲不在场时，这个孩子通过玩棉线轴轮的游戏来象征母亲的消失与重现，这一描述在后来的精神分析文献中被大量地引用。在这点上，我只是想把注意力放在弗洛伊德的某个评注上，他关心的是孩子对母亲的认同，描述了孩子如何在镜子前玩着消失与重现的游戏。这正是他在1917年提到的认同丧失客体这一典型的防御机制,也可以被看作是"认同令人受挫的客体"(Spitz,1957)或者是化被动为主动的手段(Valcarce-Avello,1987)。

原始自恋的问题

在婴儿或孩子生命的早期,是否存在一个他无法将自己与他人区分出来的阶段(自恋阶段),而开始意识到其他人作为独立于自己而存在的个体(客体阶段)则出现在儿童发展过程中随后的阶段?

弗洛伊德在职业生涯中曾经多次修改对自恋的定义。他最初用"自恋"这个术语描述某人在一段关系中将自己的身体作为性客体(1914c)。随后,在引入第二版的地形说之后,他认为原始自恋是一种既没有客体又没有客体关系的状态。他把这样的原始状态称之为"原始自恋",并认为这是一个早期的发展阶段,会持续一段时间,这段时期内的自我与客体处于难以区分的状态,以子宫内的生活为原型(1916-17:417)。他也保留了通过与客体认同形成的自恋这一概念,并称之为"次级自恋"(secondary narcissism)。

不过,弗洛伊德也曾指出,他没有任何临床材料可以证明原始自恋的存在,他的观点主要来自对原始人类的观察以及理论上的推导。正如先前章节所提到的,原始自恋阶段是否存在持续地影响着主流客体关系精神分析理论。

《哀伤与抑郁》

内摄丧失的客体

《哀伤与抑郁》一文写于1915年，同一年的著作还有《作为梦理论的补充的超心理》（*Metapsychological Supplement to the Theory of Dreams*），该文发表于2年之后（1917）。此时，弗洛伊德开始探索个体对于真实丧失的反应、由爱人引起的失望以及理想的丧失：为什么面对这些，有些人的反应是哀伤，并最终可以克服；而另一些人却陷入一种抑郁的状态无法自拔？

弗洛伊德认为，不像正常的哀伤发生在意识层面，病理性的哀伤是在无意识中进行的。他注意到抑郁病人身上的抑制，认为这是由客体丧失导致自我丧失的后果。抑郁的人常常会自责，自责程度过强甚至会演变成在幻想中期待被惩罚。

直觉告诉他，抑郁病人的自责实际上是指向其他人的——病人当下生活环境中的某个重要他人，"此人引发了病人的情绪障碍"（p.251）——弗洛伊德发现了抑郁的核心机制。之所以将指责转向主体自己，是因为那个让主体失望的丧失客体已经被重新放置在主体的自我当中。自我被分裂成两部分，一部分包含着对丧失客体的幻想，另一部分则变成了批评性的媒介。

于是，客体的影子留在自我里面，自我因此受到一个特殊媒介的评判，好像自我就是那个被抛弃的客体一样。通过这种方式，客体丧失变成了自我丧失，自我与爱人之间的冲突变成了两部分自我之间的裂痕，即自我当中的批评媒介与认同客体的部分自我。(1917e:249)

使用内摄丧失客体与分裂自我的防御机制对抗客体丧失，需要具备一些条件。弗洛伊德对此的论述可以总结为以下几点：

(1) 为了让客体选择退回自恋认同的状态，先前对客体的贯注必须是微弱的、以自恋为基础的；

(2) 为了内摄丧失的客体，力比多必须退回到口欲、"食人"的阶段。在这个阶段，由于矛盾的情感，对客体的爱转化成认同，对客体的恨被收回，转向替代性客体。通过这种方式，原本朝向客体的施虐倾向被收回，转向主体自身。不过弗洛伊德指出，在无意识层面，朝向主体自身的施虐倾向同时还是为了应对当下生活环境中相关的重要他人。

病人还是成功地通过自我惩罚来报复原始客体，通过自己生病来折磨他们爱的人。这样的方式让病人不用公开表达自己对所爱之人的敌意（1917e:251）。

将施虐转向自身这点解释了抑郁病人为何要自杀。对于躁狂病人，弗洛伊德发现他们与抑郁病人有着一样的情结，只是抑郁病人屈服于施虐，而躁狂病人则成为施虐者并向他人施虐。

弗洛伊德理论的含糊之处

弗洛伊德的直觉是，当一个抑郁病人说"我恨我自己"时，他真正的意思是"我恨你"，充满了对所爱之人的无意识憎恨——这可谓是天才般的创见。然而，在我看来，这种基本的临床直觉还没有完全被理解，因为精神分析师们在进行移情诠释时仍然没有充分利用它。

这大概是因为弗洛伊德后期的表述有些模棱两可，许多作者都曾提到这点。当阅读他后期的著作时，我们确实会发现：尽管有些表述是明确的，例如部分分裂出来的自我认同了丧失的客体，以对抗另一部分的自我；但另一些观点则是模棱两可的，例如，大家自然会想问弗洛伊德，自我的哪一部分是的主体自我（"我"）。类似地，哪部分的自我是"批判性的自我"或"评判媒介"？又或者说，后期的概念"自我理想"和"超我"又分别是哪部分？

这些问题的答案至关重要。因为如何处理自我和客体之间的关系,将决定在治疗中移情发生时我们如何诠释丧失客体的投射和内摄。随后,我将举例来说明这一点。

许多作者注意到弗洛伊德的这些不精确之处。例如,拉普朗虚问:"在抑郁病人的地形说结构中,谁在迫害谁?"(1980:329),他想知道"对话的轨迹是什么?""抑郁主体的语言从哪里来?"在他看来,最好不要太过努力地将主体自我定位,以免"我们把主体一次性定位到某个地方",或者将他放置在某个媒介中。相反,更务实的做法是询问"论述的出处是什么?""这话从何说起?"(1980:331)。梅尔策(1978)也注意到弗洛伊德的这种纠结:

> 似乎弗洛伊德自己变得非常混乱,不确定是自我本身在指责自我,还是自我理想在对抗自我。然而,与此相关的是,他开始意识到一个问题:"谁在承受痛苦?"——处于痛苦当中的是自我,还是它的客体,"是谁在遭受责骂?"(1978:85)。

但在我看来,如果仔细阅读弗洛伊德的文献,这些模棱两可的点就可以得到澄清。由此,分析师将获得他所需要的一切信息,用于辨识移情关系中抑郁病人的特定冲突,并对这些冲突进行诠释和修通。

主体自我指责客体

如果一个接一个地研究弗洛伊德在1917（1915）年、1921年和1923年描述抑郁病人内心冲突的理论，我们会发现他总是在区分两部分不同的自我，它们通过分裂机制形成并互相对抗：一部分始终对应着主体自我，另一部分始终对应的是与被内摄的、丧失客体认同的部分自我。前者在指责后者，后者与客体混淆。

这在《哀伤与抑郁》（1917e）中已经很明显了："我们看到，在他身上，自我的一部分是如何凌驾于另一部分之上的——带着指责性的评价，把另一部分当成客体"（p.247）。在同一篇文章的后面："自我和爱人的冲突（造成了）自我的裂痕，横在评判的自我与被认同修改的自我之间"（p.249）。或者，再进一步说："仇恨被指向这个客体替代物，虐待它，贬低它，使它受苦，并从它的痛苦中得到施虐的满足"（p.251）。这与1921年的理论是类似的：在抑郁病人身上，责备代表的是"自我对客体的报复"（p.109），或者说，"自我的一部分对另一部分感到暴怒。另一部分的自我因为内摄而被改变，包含着丧失的客体"（p.109）。

埃切戈扬（Etchegoyen）的观点证实了我对弗洛伊德的理解，即在《哀伤与抑郁》中"批判的自我属于主体，而不是被吞并的客体"。在他看来，这是"弗洛伊德自己没有察觉到的一点,就连他的追随者也很少考虑到。在我看来,模糊不清是大多技术讨论中都会遇到的潜在困难"(1985:3)。

即使主体自我和包含丧失客体的自我之间的对立都属于抑郁症的冲突,问题仍旧不是那么简单。让整个画面更加复杂的原因是,抑郁病人的主体自我并不是提供正常保护功能的主体自我——即"良心,自我内部的一个评判机构,该机构在正常情况下也会对自我进行评判"(1921c:109),只不过正常的评判不会像抑郁的评判那样,因为太过"无情与不合理"而失去了保护作用。根据弗洛伊德的观点,在自我内部形成的这一极端严厉的机构会与主体自我分离,形成"自我理想"(1921c)——这是弗洛伊德最初使用的术语,随后他改用了"超我"(1923b)。在抑郁病人身上,"过于强大的超我控制了意识",正在用无情的暴力对自我表达愤怒(1923b:53)。

这些问题并非空谈,对于希望将弗洛伊德的直觉应用于诠释技术的精神分析师来说,它们至关重要。精神分析师需要知道谁是主体自我,谁是客体。因为只有知道了"谁在对谁做什么",他才可以在面对移情关系中出现的这类冲突时,厘清困惑并做出诠释。

根据我的经验,被我分析的人对相关诠释的积极回应证实了:在抑郁反应中,是主体自我憎恨被内摄的客体,而不是反过来。诠释的内容是,被内摄的"分析师－客体"被当作丧失客体对待，主体依附这一客体，同时将自己对客体的憎恨转向自身。稍后，我将给出关于这一常见移情现象的两个临床案例，以及我的诠释。

超我的施虐特质从何而来？

拉普朗虚和蓬泰莱（Pontails）（1967:437）指出，很难确定哪些认同分别与超我、自我理想、理想自我、甚至自我本身的形成有关。因此，我们很难清楚地找到与抑郁病人内在心理冲突有关的认同。在第二版的地形说中，弗洛伊德将评判的自我看作是超我的原型（1923b），声称抑郁病人身上的施虐特质是"一种纯粹的死本能""常常能够成功地将自我推向死亡，自我只有通过变得狂躁来抵挡超我的专制"（p.53）。

直到1930年，弗洛伊德对抑郁超我的施虐特质有了不同的看法，但他并没有废除自己的早期观点：他表示同意梅兰妮·克莱茵的观点，即超我对自我的恨，只不过是超我吸收了自我对客体的恨，然后再转向主体自我。梅兰妮·克莱茵认为，在孩子身上观察到的严厉超我，与父母是否严厉无关：孩子内化的是一种父母的形象，该形象混杂着孩子投射在父母身上的属于他自己的破坏本能。弗洛伊德采纳了这种观点，并明确提到出处是梅兰妮·克莱茵和其他的英国理论家："原始超我的严厉性并不能表明——或者说完全表明——当事人被（客体)严厉地对待过,或者是他曾很严厉地对待(客体);只能说明当事人自身有着攻击性"(1930a:129-130)。

最后一点在技术上非常重要。分析师可能会诠释接受分析者朝向他的自我破坏性,认为接受分析者将自己对分析师的攻击性投射给分析师,接着在内摄"分析师-客体"的过程中再将这一"分析师-客体"与自我混淆,于是攻击性最终转回接受分析者的自我身上。这与弗洛伊德的直觉一致,自我和客体(在本例中是分析师)的冲突,转变为自我两个部分之间的内在心理冲突:主体自我攻击被内摄的客体,也将原本对外在客体的攻击转向自己。

分裂自我和否认现实——作为对客体丧失的防御

伴随着内摄丧失客体的过程,分裂自我的概念作为一种特定的防御机制,在《哀伤与抑郁》一文中被引入用来对抗客体丧失。自我和外在客体的冲突转化为两部分自我之间的冲突,这会影响到自我最初的结构:"通过这种方式,客体的丧失转化为自我的丧失,自我与爱人之间的冲突转化为自我两部分之间的裂痕"(1917e,10:435)。

在被提出时,分裂自我的概念被认为是与客体丧失相关的。随后,否认现实的概念被引入,补充了这一概念。在弗洛伊德看来,否认现实最初是一种针对精神病的防御机制。后来，他通过引入"部分否定现实"的概念来进行区分，这种否认只影响部分自我——与精神病部分相对应；而另一部分的自我则仍旧保持着与现实的关系。

以否认现实作为对抗客体丧失的防御这一概念，实际上出现在1924年。当时弗洛伊德提出，压抑不同于否认现实，后者被视为一种精神病的特殊防御机制。他举了一个例子：一位爱上自己姐夫的年轻女人，站在过世的姐姐的床边，压抑着她的感觉："（该女子的）精神病性反应，是她对姐姐已死这一事实的否认"（1924b）。

在《恋物癖》（Fetishism，1927e）一文中，弗洛伊德注意到，否认现实有可能只是部分的，只影响到部分的自我，这个部分自我会否认现实中的客体丧失。他又回到了先前提到的神经症和精神病明确对立的观点，并从此将其改为分裂的自我可能存在于同一个人身上，表现为一部分的自我否认现实，而另一部分的自我则接受现实。他给出了一个例子：两位接受分析的年轻男性在童年时曾忽视父亲去世这件事，他们没有因此而变成精神病。在弗洛伊德看来，这种"精神盲点"建立在否认父亲死亡的现实基础上，至少就部分的自我而言是如此。年轻人的自我被"分裂机制"分成两种趋势：

在他们的心智生活中，只有一种趋势没有认识到他们父亲的死亡，另一种趋势则充分认识到这一事实。与愿望相关的态度和与现实相匹配的态度是并存的（1927e:156）。

从《哀伤与抑郁》开始，弗洛伊德似乎逐渐形成了这样一种观念：自我通过分裂来应对客体丧失：一部分的自我与丧失的客体认同，并拒绝承认丧失的事实；而另一部分的自我则承认丧失的事实。他在《精神分析引论》（*An Outline of Psycho-Analysis*，1940a）和《防御过程中自我的分裂》（*Splitting of the Ego in the Defensive Process*，1940e）中给出了更多关于"自我被分裂成两部分"这一概念的详细解说。比昂（1957）则以一种新的方式发展了这一观点，他区分了人格中精神病和非精神病的部分，这一视角很好地描述了临床实践中会观察到的、病理性哀伤过程所包含的分裂移情现象。

一个"内摄丧失客体并将恨转回自身"的移情案例

我将用两个简短的临床案例，说明丧失的客体（分析师）如何在移情中被内摄。我们常常会在分析中看到爱恨交织的矛盾情感，与会谈的间隔、周末或假期有关。这时诠释的目的是防止一些具有抑郁反应特征的防御机制永久化。另一个目的是让病人对分析师的无意识依恋意识化。被分析者会通过内摄让自己与分析师混淆，并将自己对分析师的恨重新转向自己，而不是在移情中投射恨。

第一个例子是一个有点抑郁和矛盾的病人，他对周末的反应曾多次让我感到吃惊。例如，在某个周五（即周末到来之前），我注意到他可以全神贯注地投入到分析工作中，心情愉快而活跃；但是在周末间隔后，当进入周一的会谈时，他变得情绪低落，不愿说话，情感隔离，似乎不情愿过来。他和我的关系发生了根本性的变化：他似乎完全对我失去了兴趣，对我的存在视而不见；他对上个星期自己所经历的一切也都不感兴趣了，特别是对当时的感受。我不明白发生了什么，想知道他的生活中是否发生了什么严重的事情，他是否做了一些不敢告诉我的"蠢事"，我很担心。他只有一句话，带着阴郁的神色："我是个毫无意义的人，什么事都做不了，我一文不值。"

我没有立刻意识到，通过指责自己，他实际上是在指责我。由于紧接着联想到即将到来的假期，我能够向他诠释，似乎他在对自己说"我没有任何意义，我不能做任何事"。实际上他是在含蓄地对我说话，告诉我，作为一个分析师，我是毫无价值的，我不能做任何事。我补充说，他没有直接用言语向我表达他的愤怒，他很愤怒我在这么重要的时刻把他一个人留下。相反，他什么也没说，把自己变成了活生生的指责，给我留下了这样的印象：作为一个分析师，我做什么都无法帮到他，我是毫无价值的。

第四章 弗洛伊德、分离焦虑与客体丧失

病人立即对我的解释有了反应：我刚说完话，他的活力和力量就恢复了；他的沮丧似乎消失在稀薄的空气中，仿佛是被施了魔法似的；我听到他明确地告诉我，他实际上对我是多么的生气，然而他刚才意识到这种感觉。一方面，我相信我的解释不仅将他对我的依恋和憎恨意识化，而且让他注意到他是如何将对我的攻击转向自己的，因为在他的内心我与他的一部分自我混淆了（内摄丧失客体）。再次，我相信这个病人能够对我的诠释做出迅速反应，并直接批评我，是因为他不再害怕表达对我的攻击会让他失去我。这种反应不同于那些只能在无意识层面对分析师表达憎恨的病人。对那些病人而言，他们内心的恨无法充分地连接到力比多客体，即移情中的分析师。在他们的想象中，他们对分析师的憎恨会摧毁客体。在另一个层面上，我的被分析者在周末感到筋疲力尽和无力，诠释帮助他恢复了活力。

我的第二个例子是一个抑郁的、强迫性的病人，他在分析过程中呈现出对客体丧失的移情反应——假期来临时，他倾向于伤害自己；在无意识层面，这是对移情关系中我的暴怒，并以一种自我毁灭的施受虐形式转向自己。这位男士早年曾不止一次被遗弃，为此饱受痛苦；他似乎躲在一层壳内，不敢信任他人。然而，在分析过程中，他与我以及周围人的关系慢慢地得到了改善；他获得了一份稳定的工作，能够发挥自己的能

力,而且激起周围人待他不善的倾向也有所下降。有一次,他的病情莫名其妙地复发,还严重到不能正常工作的程度。我很担心他可能会失去工作,并且觉得自己不能像以前那样与他沟通了;他不再和我谈当下的感受,只是谈他的工作——在工作中,无论他怎么努力,困难还是不断地增加,他的老板越来越直接地威胁要解雇他。"我要把自己抽死,我要把自己赶出去",他对我重复道。

这句话提醒我暑假不远了。我想,"让老板把自己赶出去"预示着他无意中想把我赶出去,因为如果他没有工作,就无法再支付他的分析了。于是,他通过破坏自己工作的方式攻击自己,也在攻击我。当我向他解释说,他对自己的恨,在无意识层面是针对我的。他就开始能够克服困难,停止自我毁灭的举动,将对自己的恨再次转向客体。我的诠释让爱与恨联系起来,让上述的转变过程成为可能。

这种类型的解释,是基于弗洛伊德(1917e)所描述的抑郁症病人身上爱与恨之间的内心冲突。在这种冲突中,爱与恨分开了:爱投注在自恋的认同中,"恨开始针对替代性的客体"(p.251)。弗洛伊德补充说,主体无意识的施虐在内摄的过程中回到了自己身上,同时仍然指向周围环境中相关的人(p.251)。这一点对于诠释非常重要,因为弗洛伊德强调,力比多和攻击性的本能趋势总是双向的,同时指向一个"被内摄"的内在客体和一个先前被贯注的外在客体，这两个客体是相对应的。亚伯拉罕在1924年提到，只有对客体产生敌意，自我才能成功地摆脱矛盾心理，他首次帮助抑郁的病人意识到他的施虐和对客体的无意识口欲依恋；亚伯拉罕认为客体丧失是因为施虐特质想要摧毁它，并不是如埃切戈扬（1985）所说的，被相关的力比多吞并。

抑制、症状与焦虑（1926d）

弗洛伊德1926年发表的《抑制、症状与焦虑》一文，对精神分析临床工作中遇到的分离焦虑进行了说明。他提出了关于焦虑起源的新假设，放弃了旧的版本。从那时起，焦虑被看作是自我面对危险时的情感反应，而危险最终都会涉及恐惧分离和客体丧失。他还对防御提出了新的见解，将其与压抑区分开来，并假定自我形成的症状和建立的防御，主要都是为了避免体验到焦虑，即对分离和客体丧失的恐惧。

这种新的焦虑理论取代了弗洛伊德30多年来一直信奉的观点，即焦虑直接来源于未被满足的力比多，这种力比多转变为焦虑，"就像醋与酒的关系一样"（Freud，1905d:224，1920）。在1926年之间，弗洛伊德一直认为焦虑产生的机制是一种纯粹的物理现象，过度的刺激（或力比多）找到了一个排泄通道,即过度刺激通过直接转化为焦虑来释放。在他看来,如果压抑是神经症刺激累加的原因,那就没有必要用心理因素来解释力比多转化为焦虑的现象。从1926年起,弗洛伊德不断地放弃先前的假设,并认为焦虑有两个根源:"一个是创伤性时刻导致的直接后果,另一个是这种创伤性时刻可能会再现的信号所带来的威胁"(1933a:95)。

《抑制、症状与焦虑》读起来并不容易,正如弗洛伊德探讨的大多数其他主题的风格一样。斯特雷奇(1959)曾提到,统整弗洛伊德的这一理论,让他体验到前所未有的困难。说得更具体些,他用非常相似的术语,一次又一次地讨论同一个主题,而且只有在书的最后、在附录中,才能找到最基本的假设。在《精神分析新论》(*New Introductory Lectures on Psycho-Analysis*, 1933a)的第三十二章,弗洛伊德概括性地总结了1926年关于焦虑起源的假设,这次的论述更为清晰、简明。

在回顾了弗洛伊德的著作《抑制、症状与焦虑》的背景之后,我将在自己阅读和理解的基础上,对其进行简洁的概括。

弗洛伊德和兰克的"出生创伤"理论

弗洛伊德发表了他对焦虑理论的修正,用来回应兰克1924年出版的《出生创伤》(*The Trauma of Birth*)一书。该书试图解释兰克在被分析者身上观察到的分离焦虑。兰克认为,所有的焦虑发作都可以被看作是个体在试图"处理"首次创伤，即出生创伤。他以这种原始焦虑的理论为基础，非常简化地解释了所有的神经症；他提议在临床技术上改进精神分析，将目标定为克服出生创伤，而分析神经症的俄狄浦斯冲突只起到辅助作用。

对于兰克的理论，弗洛伊德的态度总是摇摆不定：起初，他似乎支持这个理论，因为是他自己首先提出出生是儿童的"第一次焦虑体验"（1900a）或"第一次强烈的焦虑状态"（1923b）。后来，他开始批判兰克的观点，并一发不可收拾，将自己反思结果写成《抑制、症状与焦虑》一文。弗洛伊德对兰克的一个主要反对意见是，后者过于强调出生是一种外部危险，而不重视个体的不成熟和脆弱（1926d:151）。弗洛伊德还认为，出生是一种纯粹的生物学现象，并非心理现象。婴儿不能体验到兰克提出的这类焦虑，因为它还没有感知客体的能力。现在，我们相信新生儿和婴儿确实能够感知到母亲，尽管是部分的，但是很早就开始了——从出生开始，甚至比出生更早。许多当代精神分析师也会把出生列入构成无意识幻想的因素。

焦虑是自我面对客体丧失危险的反应

弗洛伊德关于焦虑的核心新理论基于他对"创伤情境"和"危险情境"的区分。创伤情境会将自我淹没，引起自发的焦虑（automatic anxiety）；危险情境是自我能够提前预见的，触发的是焦虑的信号，个体需要依靠这样的信号来避开危险。（1926d）。

最可能导致自发焦虑的原因是创伤情境的袭击。最严重的创伤性情境，是不成熟的自我表现出生理和心理上的无助，它无法应付和控制累积的刺激，无论刺激源于外部还是内部。弗洛伊德后来（1933a）对此进行了概念化："我们总是可以认为，创伤情境的出现是引发恐惧的原因，也是焦虑的客体，这是不能用一贯的快乐原则来处理的"（p.94）。创伤情境的概念是从他第一篇关于焦虑起源的著作中直接衍生出来的，被视为一种无法获得释放的、紧张状态的积累，不过现在重点将放在个人自我的脆弱上。

在发展过程中，当自我获得了化被动为主动的能力时，它可以识别危险，并通过焦虑的信号来预防危险："焦虑是面对因创伤而激起的无助状态的最初反应，随后转变成危险情境中的求助信号"（p.166-167）。这种焦虑反应的首次转移，让个体从无助的状态过渡到对该状态的预期（危险情境）："在那之后的转移，从危险到造成危险的因素——客体的丧失以及对这一丧失的调节。"（p.167）。毕竟，在弗洛伊德看来，尽管引发焦虑的创伤情境和危险情境会因年龄而有所不同，但所有的情境都有一个共同点，它们代表着与爱人的分离，要么失去爱人，要么失去对方的爱。

为了得出这个结论,他也从儿童的焦虑出发,从神经症产生的焦虑进行推断。孩子的焦虑可以被简单地归因为(渴望的)所爱之人的缺席,同时没有替代的人存在(p.136)。在重新审视了神经症焦虑发作时形成的症状和防御后,弗洛伊德再次得出一个相同的结论:导致神经症的真正危险是丧失和分离,超越了神经症的阉割危险以及创伤性神经症的死亡危险(p.130)。在他看来,创伤性神经症的自我面对的危险情境不是对死亡的恐惧——因为没有人经历过类似死亡的情境,或者如果经历过死亡的话,"它不会在头脑中留下任何明显的痕迹"(p.130),保护性的超我会抹掉这种体验。而在神经症病因学中扮演如此重要角色的阉割焦虑,在其发生之前已经有过其他的体验,这些体验具有如下影响:"自我已经准备好通过不断重复的客体丧失来应对阉割",例如在割断脐带或断奶(丧失母亲的乳房)时(p.130)。

随生命阶段而变化的危险

根据弗洛伊德的说法,在生命的不同阶段中,造成创伤情境的危险各不相同,而所有这些危险的共同特征是都涉及分离、失去爱的客体,或失去此客体的爱。这种失去或分离可能以各种方式导致个体积累未被满足的欲望,从而导致无助的状态（Strachey，1959:81）。弗洛伊德按时间顺序列出了危险：出生，失去作为客体的母亲，失去阴茎，失去客体的爱，以及失去超我的爱。

出生的危险

对于弗洛伊德来说，出生的过程是第一个"危险"情境，它引起的能量变动成为焦虑情境的原型（p.150-151）。婴儿所经历的危险是"需求无法获得满足"的状态，"需求会制造不断增加的紧张感，婴儿对此无能为力"（Freud，p.137）。在不满足的情况下，"刺激的数量上升到一个不可测量的程度，无法在精神上得到控制或者被释放"，这种能量的干扰在他看来是"危险的本质"（p.137）。在这一阶段，焦虑完全是一种无助状态的结果，与是否和母亲分开无关。与母亲的分离可以是身体上的，也可以是心理上。在弗洛伊德看来，新生儿和婴儿都不知道母体这一客体的存在，能够被感知到的只有无助的危险。释放面对这种危险产生的焦虑，表现为婴儿通过肌肉运动或哭喊声来寻找母亲，"没有必要假设孩子从出生时就会更多的东西，他们会的仅仅是这种表达当下危险的方式"（p.137）。

因此，弗洛伊德所描述的第一种焦虑似乎是对被湮灭的恐惧，而不是对分离的恐惧。弗洛伊德认为这是婴儿的不成熟和脆弱导致的，随后他又回到了以下观点：自我以类似的方式将焦虑"视为一种信号，提醒自己那些会威胁到自身完整性的危

第四章　弗洛伊德、分离焦虑与客体丧失

险的存在"（1940a，1938:199）。弗洛伊德眼中最初的危险包括"需求制造的、不断增加的紧张感"，以及刺激累积到"一个不可测量的程度，无法在精神上得到控制或者被释放"（p.137）。这种观点似乎接近梅兰妮·克莱茵的立场，最初的焦虑来源于自我担心被死本能湮灭。然而，弗洛伊德并没有将新生婴儿的无助与死本能联系起来。强调毁灭的危险和自我被湮灭的威胁是很重要的，因为这意味着分离可能会引发高度退行以及精神病性的反应，这时对分离的恐惧就等同于对毁灭的恐惧。

弗洛伊德认为，只有在儿童发展的后期阶段，当婴儿能够将其母亲视为一个客体时，危险情境才会从无助状态转移到害怕分离和客体丧失的状态：

当婴儿通过体验发现，一个外部的、可以被感知的客体，可以终止令他记忆深刻的出生时的危险情境时，它所害怕的危险的内容就会从情境本身的情绪能量，转移到决定这种情境的条件上，即客体的丧失。现在的危险是母亲的缺席；一旦危险出现，婴儿就会在可怕的情绪能量场出现之前发出焦虑的信号（1940a:137-138）。

丧失作为客体的母亲

根据弗洛伊德的说法，母亲作为一个客体的丧失发生在之后的阶段。"从那时起，反复得到满足的情况创造了母亲之外的一个客体；无论婴儿何时有需要，这个物体都会被强烈地贯注，这种贯注可以描述为'渴望'"(p.170)。当婴儿开始觉察到母亲的存在时，"他还不能区分暂时的缺席和永久的丧失。一旦看不见母亲，他就会表现得好像再也见不到她似的"(p.169)。

弗洛伊德描述了与失去母性客体的危险有关的持续焦虑，以及孩子如何逐渐从害怕失去客体到害怕失去客体的爱(p.169-170)。

阉割焦虑中关于客体丧失的危险

下一个危险是对阉割的恐惧，它出现在阳具阶段。弗洛伊德告诉我们，阉割焦虑"也是一种对分离的恐惧，因此有着同样的决定因素"，但这种无助是由于某种"特定的需要"，即生殖器性欲(p.139)。

失去超我的爱的危险

儿童最初将阉割焦虑归因于其内摄的父母，但随着发展的进程，他逐渐将其归因于一个更客观的(impersonal)部分，危险本身也变得不那么明确："阉割焦虑发展为道德焦虑"；自我现在认为失去超我的爱带来的恐惧是一种危险，相关的反应是一种焦虑。弗洛伊德补充道："在我看来，对超我的恐惧所经历的最后的转变，是对死亡的恐惧（或对生命的恐惧），这是对投射在命运力量上的超我的恐惧"（p.140）。

当然，弗洛伊德强调了这些不同危险之间的因果联系，这些危险在发展过程中按顺序出现（p.162）。在正常的发展过程中，每个阶段都有相应引发焦虑的因素（p.146），较早阶段的危险情境常常会被放在一边。然而，弗洛伊德也指出，所有这些危险情境都可以存在于同一个人身上，并同时运作。在我看来，弗洛伊德在写《抑制、症状与焦虑》时，一定是受到了亚伯拉罕（1924）关于力比多发展阶段理论的影响，正如弗洛伊德采取类似方法来描述其他概念，如感知客体的连续阶段、对客体消失的反应、在生命特定的时间段内发展出的关于分离和丧失的幻想内容，以及自我应对焦虑的能力。

综上所述，弗洛伊德在1926年的贡献，对于介绍婴儿发展过程中不同水平的焦虑，毫无疑问非常重要。他揭示了精神分析临床实践中遇到的两类主要焦虑之间的关系：分离焦虑是前生殖器期的特征，与两人或二元关系相关；阉割焦虑是俄狄浦斯期的特征，与三人或三角关系相关。在临床实践中，我们确实发现，在前生殖器期修通分离焦虑后，接受分析者逐渐需要继续面对的是修通与俄狄浦斯情结相关的阉割焦虑。

创伤情境的再现、记忆和预期

弗洛伊德认为，自我不仅制造症状和防御用来避免焦虑的发作，或让焦虑得到控制；而且自我一旦变得更强大，就会有能力预测创伤，让可能的创伤处在意料之中，或以焦虑减弱的程度复制创伤情境，从而修通创伤。反复体验到的满足感也改变了焦虑，下面这段话提醒我们分离与重聚会在分析中交替出现：

……在（婴儿）认识到（母亲）的消失通常会伴随着她的重现这点之前，反复被安抚的体验是很有必要的。母亲鼓励婴儿发展出这种对它至关重要的知识。玩一个熟悉的游戏——用手遮住脸，然后再揭开——就会让婴儿非常高兴。在这种情况下，它能感受到渴望，但不至于绝望（1926d:169-170）。

外部危险与内部危险的关系

在强调分离和客体丧失的危险以及阉割的危险对于产生神经症性焦虑的根本作用上，弗洛伊德是否有过分强调外部危险，而忽略了焦虑出现时的内部危险？他的回答是否定的：

（对这种比较的）一个反对意见是，失去一个客体（或失去客体的爱）和阉割的威胁，与在外面遇到一只凶猛的动物一样危险，它们不是本能的危险。然而，这两种情况并不相同。不管怎么对待它，狼可能都会攻击我们；但是爱人不会停止对我们的爱，我们也不必遭受阉割的威胁——如果我们不考虑某些内心的感情和意愿的话。因此，本能冲动是外部危险的决定因素，本能冲动自身是危险的；我们现在可以通过对内部危险采取措施来对抗外部危险（1926d:145）。

然而，反过来也是正确的，弗洛伊德补充道，"本能的需求往往只会变成（内在的）危险，因为满足它会带来外部的危险——内在的危险代表着外部的危险"（p.167-168）。在弗洛伊德看来，需要（本能）是对客体丧失情境引发的创伤（或危险）的最终解释（p.170）。

拉普朗虚（1980）认为，弗洛伊德从1926年起对"真实"的重视是"可怕的"。我不同意这个观点，我相信弗洛伊德的新立场有效地回答了临床实践中现实和幻象之间的相互影响所产生的问题。

焦虑、痛苦和哀伤的情感

在全书的总结部分，弗洛伊德回答了"何时与客体分离会引发焦虑，何时会导致哀伤，何时只会造成痛苦"的问题

(1926d:169)。一旦客体被认识到,并且主体需要客体("渴望"贯注),痛苦就会出现:根据弗洛伊德的说法,"痛苦是对客体丧失的真实反应,而焦虑则是对丧失所带来的危险的反应。通过进一步的转移,变成对丧失客体的危险的反应"(p.170)。至于(正常的)哀伤情绪,他解释说这是另一种面对客体丧失的情感反应,以"现实检验的影响为基础;丧亲者需要认识到客体已经不再存在了,将自己与客体分开,才能进行哀伤"(p.72)。

分裂自我:弗洛伊德的第三个焦虑理论

准确地说,弗洛伊德提出的焦虑理论不只两种;还有第三种理论出现在他的后期著作中,但这种理论通常不被考虑到。我们熟悉他的第一个理论,根据这个理论,焦虑是由未被满足的力比多直接转变而来的;而我刚才也提到了第二个理论,焦虑源于自我对危险的感知,这种危险与分离或客体丧失极为相关。在我看来,弗洛伊德在1938年提出了第三种焦虑理论,焦虑出现在自我感到它的完整性受到威胁的时候。他在《精神分析引论》中写道(1940a):"(自我)将焦虑的感觉视为一种信号,能提醒自己那些会威胁到自身完整性的危险的存在"(p.199)。换句话说,现在不仅是主体在面对危险时经历了一种等同于失去母亲保护的恐惧,连自我也会对危险产生反应,并害怕失去它的完整性。当弗洛伊德再次回到"自我面对危险的反应"的问题时,引入了这个观点,提出了最后的假设。他补充说,无论是面对外在的还是内在的危险,自我都倾向于通过分裂来回应难以忍受的(外在与内在)现实,一部分的自我接受现实,另一部分的自我则否认它。

在我看来,正如《抑制、症状与焦虑》中呈现的,弗洛伊德的第二个焦虑理论与我刚才提到的、关于"否认与分裂自我"的第三个理论完全没有冲突。相反,第三种焦虑理论不仅对1926年的假设进行了补充,而且还能成为《抑制、症状与焦虑》与《哀伤与抑郁》之间的桥梁,将两篇文章中的假设联系起来。毕竟,作为1926年文章主题的焦虑,指的是完整个体的完整自我所体验到的焦虑——例如,主体与重要他人分开时所体验到的恐惧;而1938年的文章,是关于一个诉诸否认和分裂的自我应对让自身完整性受到威胁的危险。后者提到的分裂自我,曾出现在1917年的文章中,该文描述了通过内摄来防御客体丧失的机制。1927年的《恋物癖》一文,也曾提到分裂自我的机制。然而,弗洛伊德在1938年的《精神分析引论》中,将焦虑归因于自我对失去完整性的恐惧,增加了一些观点。如前所述,这意味着面对分离的、最具精神病性的反应,是对毁灭的恐惧,即自我对失去完整性的恐惧。

《抑制、症状与焦虑》的影响

1926年弗洛伊德《抑制、症状与焦虑》中的观点，部分被后人接受，部分被拒绝，部分被忽视（Kris，1956；Bowlby，1973）。经历了进一步的发展，弗洛伊德的一些理论贡献引发了以自我心理学为代表的精神分析运动，其他方面则遭受争议。例如，鲍尔比（1973）关于儿童－母亲关系性质的假设，仅仅只是基于本能依恋行为的生物学理论，而弗洛伊德却提到了"需要"和"本能"。另一方面，在拉普朗虚（1980）看来，从1926年起，弗洛伊德为了修改早期焦虑起源理论，似乎已经放弃了本能的基础地位。在安娜·弗洛伊德有关自我与防御机制的著作（1936）中，焦虑与分离之间的联系实际上已经消失了；无论如何，她没有像弗洛伊德那样重视焦虑与分离。追随梅兰妮·克莱茵的分析师们，将诠释临床实践中遇到的分离焦虑看得尤为重要，并同意弗洛伊德的观点。不过，他们会将焦虑看作是对死本能的直接回应。总的来说，很多人认为《抑制、症状与焦虑》的内容主要是一种理论假设，但我个人却相信，它是对临床现象的详细阐述，这些现象在分析治疗过程中常常会出现，弗洛伊德不可能不对它们产生好奇。

第 五 章

梅兰妮·克莱茵以及克莱茵学派的观点

对于梅兰妮·克莱茵及克莱茵学派的理论与实务而言,分离焦虑现象极为重要。众所周知,克莱茵的工作继承了亚伯拉罕(Abraham,1911)早期关于抑郁与躁狂-抑郁状态的精神分析研究。亚伯拉罕的这项研究比弗洛伊德更早,也是后者后来撰写《哀伤与抑郁》(1917e)一文的原因。

根据分析年幼孩童以及分析自身丧亲之痛的体验,梅兰妮·克莱茵发现了抑郁在婴儿期的根源,并为哀伤赋予了在心理病理学以及正常发展中的重要角色。

我们先要简单地介绍一下分离焦虑与客体丧失在克莱茵基础概念中的含义,如:早期俄狄浦斯情结、偏执分裂位置(paranoid-schizoid position)与抑郁位置(depressive position),以及它们与焦虑、投射性认同及嫉妒(envy)的关系。随后,我们再来讨论克莱茵学派的主要成员对此的贡献——特别是罗森菲尔德、西格尔、比昂与梅尔策。

梅兰妮·克莱茵眼中的分离焦虑与客体丧失

在梅兰妮·克莱茵看来，必须在客体关系理论以及焦虑理论的背景下探讨分离焦虑与客体丧失。

在她看来，生命最初的情景并不是像弗洛伊德所认为的那样（原始自恋）处于一种自我与客体未分化的状态。克莱茵相信，对自我与客体的感知从一出生便存在，焦虑则是对内在死本能的直接回应。她认为，这种焦虑会采取两种形式：一种被迫害的焦虑（属于偏执分裂位置）与一种抑郁的焦虑（属于抑郁位置）。正如西格尔（1979）所说：

在弗洛伊德假设中关于丧失客体的基本焦虑可以被体验为两种方式，或者是这两种方式的混合：一种是偏执的方式——客体的反击；另一种是抑郁的方式——客体保持好的状态，焦虑的是失去客体，而不是被坏客体攻击。（1979:131）

我并不希望在这里深入讨论克莱茵关于早期客体关系的理论，即她所描述的婴儿发展过程中的偏执分裂位置与抑郁位置。不过我想要简单介绍一下有关分离与客体丧失的焦虑是如何被纳入她所描述的这两种焦虑的基本类型中的。

偏执分裂位置与抑郁位置当中的分离与客体丧失

担心被死本能摧毁是克莱茵描述的第一种婴儿期的焦虑。因此,这种本能必须被投射出去。这样原始的投射会导致幻想中的坏客体从外界对自我造成威胁。于是,憎恨开始指向这个外在的坏客体。完全投射死本能似乎是不可能的,部分的死本能被留在了内部。由于同时发生的投射与内摄,破坏性的客体与提供保护的好客体一起被内摄,再次变成了来自内在的威胁。克莱茵描述的上述对毁灭的担心(作为最初的焦虑),很像弗洛伊德在1926年提出的自我最初面临的危险情境——担心被无法掌控的过度刺激湮灭。

在偏执分裂位置阶段,婴儿主要焦虑的是迫害者会同时毁坏自我(自体)与被理想化的客体。为了保护自己免受这种焦虑,自我会诉诸分裂的机制,例如:加强理想化客体与坏客体之间的分裂,以及过度的理想化、全能的否认,这些都被用作防御来对抗受迫害的担心。西格尔指出:

在发展的原始阶段中,并不存在缺失的体验——好客体的缺失会被体验为坏客体的攻击。……挫折被体验为一种迫害,好的体验会与理想化客体的幻想融合,并加强了这种幻想。

(1979:116)

抑郁位置的焦虑呈现出一种矛盾的心理：婴儿特别担心自己的恨与攻击冲动会毁灭他爱着并全然依赖着的客体。他发现自己对客体的依赖加强了占有客体的需要——因为这个被依赖的客体是独立自主、来去自如的——如果可能的话，他想要把客体放置在自己的内部，令其免受自己的攻击。由于抑郁位置始于口欲期的发展阶段，这时候爱就等同于吞食，全能的内摄机制会引起以下担忧：本能不仅可能会毁灭外在好客体，还会破坏被内摄的好客体，造成内在世界的混乱。

如果婴儿获得更好的整合，他便可以记得对好客体的爱，并且在对客体产生恨意的时候保留这份爱。母亲是被爱着的，婴儿能够与她认同。于是，在体验中母亲的丧失是很残酷的，会出现一系列新的反应。正如克莱茵在《躁狂－抑郁状态的心理起源》（*A Contribution to the Psychogenesis of Manic-Depressive States*, 1935）一文中提到的：

> 经由这一步，自我到达了一个新的位置，构成了爱的客体丧失这一情境的基础。只有客体作为一个整体被爱着，它的丧失才能被完整地体验到（1935:284）。

第五章 梅兰妮·克莱茵以及克莱茵学派的观点

在此类情境中，婴儿体验到的除了丧失、难过、怀念好客体的感觉之外，还有内疚感，因为他觉得是自己的本能与幻想对内在客体造成了威胁。于是，婴儿被暴露在"抑郁性的绝望"中，正如西格尔（1964）所述：

> 他记得自己曾经爱过母亲，事实上仍旧爱着她，不过他觉得自己已经将她吞食并摧毁了，所以她不再出现在外在世界中。此外，他也摧毁了作为内在客体的母亲，现在她已经是支离破碎的了（1964:70）。

被迫害的焦虑（恨更强烈时）与抑郁的焦虑（爱多于恨时）处于一种持续的波动中（Klein, 1940）。

修通抑郁位置意味着在婴儿的自我当中安置一个足够稳定完整的内在客体。如果这一过程失败了，孩子比较容易患上偏执或躁狂—抑郁类型的心智障碍。为此，抑郁位置构成了精神病（psychoses）与神经症（neuroses）固着点之间的重要界限。

克莱茵最初认为在发展的过程中偏执—分裂位置先于抑郁位置存在，不过随后修改了她的观点，认为抑郁位置一开始便有可能出现。当然，"位置"的概念现在已经更多被用于指代自我组织的瞬时状态（instantaneous states），处于持续的波动中，而不是婴儿发展过程中时序上固着的一个组织。

躁狂防御

在上文提到的克莱茵1935年的论文中,她描述了一些新的防御,旨在抵御分离与客体丧失引起的担心。它们被她称为躁狂防御,特点是倾向于否认抑郁痛苦的心理现实。这些防御机制在抑郁位置发展的过程中被建立起来,客体被全能地控制着,并以得意、轻蔑的态度视之,所以失去客体也不再需要感到痛苦或内疚。同时或交替出现的是,主体逃向被理想化的内在客体,或是否认掉任何破坏与丧失的感觉。这些防御是正常发展的一部分,不过一旦过度或持续时间太久,它们就会阻碍个体发展一段与完整的好客体的关系以及修通抑郁位置(Segal,1979:81)。

躁狂防御也是面对分析情境间断所引发的分离焦虑的主要防御机制之一,包含了大量的核心反应,旨在否认丧失引起的抑郁痛苦,例如:最典型的见诸行动,逃向被理想化的外在客体。

外在现实与心理现实

在克莱茵看来,外在现实与内在(或心理)现实处于持续地互动中,分离与丧失的体验包含真实客体对心理体验的影响,也间接地包括了与内在客体有关的幻想关系。她认为,孩

第五章　梅兰妮·克莱茵以及克莱茵学派的观点

子因需要得不到满足而受到的挫折与威胁，经常被看作是外在客体的迫害，这个外在的迫害者会立马被内化成为一个内在的迫害者，即被内化的坏客体。

相反，现实中正向的体验会支持性地影响个体与内化客体的关系。因此，与抑郁位置相关的哀伤过程也会受到孩子与真实客体正向体验的影响。例如，现实检验的能力使得孩子能够克服焦虑，观察到幻想中的破坏实际上并未发生。随后，克莱茵提出了心智发展过程中内疚（guilt）与修复（reparation）所起的作用，以及修复的愿望与幻想如何促成内在好客体的建立。在这个过程中，母亲在现实中的重复出现对孩子而言是必不可少的，正如西格尔（1979）指出的：

> 她的再现消除了他的恐惧，令他相信客体具有力量（strength）与恢复力（resilience）。不仅如此，这样的体验也让他不再认为自己的敌意具有全能的力量，增强了他对自身的爱与修复力量的信任。若是母亲不再出现（或母亲的爱的缺失），他就会受制于自己抑郁或被迫害的恐惧（1979:82）。

对一些患有抑郁症的儿童或成人而言，拥有好的内在客体会令他们感受到威胁。对失去已经被内化的"好"客体的害怕，成了对真实母亲死亡的可能性永久焦虑的一项来源。相反地，任何丧失真实被爱的客体的可能性，也都会激起失去被内化的客体的担心。

在研究了克莱茵有关儿童的分离焦虑与客体丧失的看法后，曼扎诺（1989）指出：在孩子身上，除了外在与内在的焦虑来源，克莱茵还提到两种常常被人忽视的其他的焦虑来源。其中的一种担心是，失去母亲可能同时意味着失去"最初的防线"（first line of defence），因为母亲代表着涵容孩子焦虑的一种可能性：

尤其是母亲允许孩子将"部分的自体"与坏客体投射或置换给自己，由此用他们与现实对比，为了之后能够将他们以被修改的形式再内摄（1989:251）。

类似地，曼扎诺强调了母亲作为"临在母亲"客体（"presence-of-the-mother" object）的功能，正如克莱茵所指出的——先前所描述的四名他者之外"第五客体"，据巴郎格（1980）所言，这位"临在母亲"客体会立刻检验现实与感知，"为此，对我们而言一个极为有趣的现象是：母亲在物理上存在时，我们也会产生分离反应"（1980:250）。

第五章 梅兰妮·克莱茵以及克莱茵学派的观点

婴儿发展中的分离与丧失

在发展的过程中,每个孩子都会体验与分离和丧失有关的情境,这会对他造成威胁,从这个角度来看,发展的每个阶段都必然会体验丧失。克莱茵认为,出生与断奶是最早与最重要的丧失,断奶是随后发生的所有丧失的原型。失去理想化的乳房会引发哀伤反应,伴随着难过与渴望,构成了抑郁位置最基本的要素。

随着儿童发展的推进,这些丧失越来越少地被体验为迫害性的(丧失自我的焦虑,担心遭到坏客体的攻击),更多地以抑郁位置的形式出现(担心失去内化了的好客体)。一旦主体生命的任何阶段遭遇丧失,抑郁的感觉就会被激活。西格尔(1979)总结了生命的这些阶段:

在如厕训练的过程中,需要放弃理想化的内在粪便;获得行走与谈话的能力,也包括认识到分开与分离;婴儿期的依赖到了青春期就要被放下;作为成人,我们不得不面对父母以及父母辈人物的离世;我们自己的青春也在逐渐地丧失。在发展中的每一步,内心的斗争都会重新出现:一种情况是,从抑郁的痛苦中退行,回到偏执—分裂的运作模式;或者另一种情况,以进一步成长与发展的方式修通抑郁的痛苦。在这个意义上，我们可以说抑郁位置是无法完全被修通的：修通抑郁位置将会导致出现理想化的成熟个体。抑郁被修通的程度，以及内在好客体被安全地放置在自我内部的程度，决定了成熟度与稳定性（1979:135-136）。

我将在第十二章进一步说明整合的概念与克莱茵的文章《论孤独的感受》（*On the Sense of Loneliness*，1963）之间的关联。

分析情境中的诠释

在分析情境中，克莱茵将分离激起的反应看作是偏执焦虑与抑郁焦虑的重现。她与追随她的分析师们着重强调的是：细致精准地分析会谈间隔引发的幻想以及移情中本能的、防御性的波动。

比如说，无论是面对孩童还是成人，克莱茵都会诠释由谈话间断引起的被抛弃的恐惧。诠释的方式多种多样，取决于移情的背景以及主导的情感：接受分析者可能会觉得客体抛弃他是因为指向客体的潜意识攻击幻想，这时他会觉得自己好像落入坏客体手中（偏执的焦虑）；或者，他可能会担心失去由内化了的好客体提供的安全感（抑郁的焦虑）。接着，再分析特殊的防御模式，特别是躁狂防御（manic defenses），以及投射性认同如何在当下被用于对抗由分离与丧失客体引起的恐惧。

第五章　梅兰妮·克莱茵以及克莱茵学派的观点

自恋、投射性认同与嫉妒

克莱茵随后引进了一些新的观点，扩展了偏执—分裂与抑郁焦虑等原始概念，加深了我们对客体关系的理解。尤其是她引进的投射性认同与嫉妒，这两个概念为自恋的功能提供了新的视角，即自恋是一种防御，为的是避免感知到客体是分开的、不同的个体。

自恋作为防御，用于对抗偏执的焦虑、抑郁的焦虑、嫉妒以及它的变换形式，主要出现在后克莱茵学派分析师的著作中，特别是罗森菲尔德、西格尔、比昂和梅尔策。虽然克莱茵自己很少提到自恋，不过这个概念确实曾经出现在她的著作中，正如西格尔和贝尔关于弗洛伊德与克莱茵的自恋理论的一项研究所呈现的（1911）。例如，在《关于某些分裂机制的评论》(*Notes on Some Schizoid Mechanisms*, 1946) 一文中，克莱茵在描述投射性认同时曾明确地说，与他人建立的关系若是基于投射机制（主体"好的"或"坏的"部分投射进入那个人），这就是"一种自恋的结构，因为在这种情况下客体显然代表的是自体的一部分"（p.13）。克莱茵在《嫉妒与感恩》(*Envy and Gratitude*, 1957) 一书中也曾含蓄地提到自恋，当时她想要说明投射性认同如何服务于嫉妒的表达，同时又成为对抗嫉妒的防御。与此相关的一个例子是，好妒的主体让自己进入客体内部，并掠夺客体的才能。不过，在进行这一比较时，她并没有明确提到自恋，虽然这一著作预示着自恋与嫉妒之间存有某种亲密关系——正如西格尔（1983）指出的。

在总结克莱茵连续不断的贡献及其在临床实践与移情发展中的应用时，我们会看到精神分析历程反复不断的变化：首先，我们会看到分离如何开始驱动对客体的全能性投射认同，以便不用感知到客体是分开的。接着，感知到客体的不同（客体拥有特定的性别）会引发嫉妒，嫉妒（envy）又会逐渐演变成原初情境中（primary scene）的妒忌（jealousy）。这时候，感受到分开具备了另一层意义：感觉上，母亲不再只属于孩子一人，而是与父亲建立有夫妻关系，这最终会导致孩子觉得被父母的性关系排除在外，伴随孩子想要在俄狄浦斯情结的背景下与他们认同的愿望。

罗森菲尔德：投射性认同与自恋结构

基于克莱茵关于早期客体关系的作品，赫伯特·罗森菲尔德仔细研究了充当防御角色（拒绝承认自我与客体之间的分离）的全能感、投射与内摄性认同，以及嫉妒。因此，他明确提出了一种在精神分析中观察到的自恋型人格结构，并区分了两种不同类型的自恋：力比多自恋（libidinal narcissism）与破坏性自恋（destructive narcissism）。

投射性认同与嫉妒作为自我与客体融合的起因

说起第一例纯粹由精神分析技术治疗的精神病患，罗森菲尔德（1947）展示了这位女性接受分析者如何使用投射性认同来防御焦虑，特别是与假期间歇与终止分析有关的焦虑。分析师将她时而出现的人格解体归因于她的幻想，在幻想中迫使自己进入分析师内部，以确保拥有她想要的一切，代价却是迷失了自己，觉得了无生气、精神崩溃。

1964年，罗森菲尔德在《论病理性自恋：一种临床取向》（*On the Psychopathology of Narcissism: A Clinical Approach*）一文中拓展了他对自恋的看法，这一贡献标志着精神分析概念"自恋"的一个转折点。文中他仔细研究了自恋病人身上的客体关系特性以及相关防御机制。罗森菲尔德认为，弗洛伊德描述的作为原始自恋体验（无客体状态）的临床现象，实际上应该被看作是一种原始的客体关系类型。在他看来，自恋基于全能感与自我理想化（self-idealization），通过内摄及投射性认同被理想化的客体来获得。克莱茵曾经将"内摄及投射性认同被理想化的客体"描述为一种自恋状态（narcissistic state），而罗森菲尔德现在却要将它视为一种富有组织条理的结构（structure）。与被理想化的客体认同，最终将导致自体与客体之间的边界或差异被消融，正如罗森菲尔德所言，"在自恋的客体关系中，对抗意识到自体与客体的分离的防御占据了主导地位"（p.171）。同时，他也指出嫉妒在自恋现象中的基本作用。他认为，嫉妒通过两种方式强化了自恋的客体关系：首先，全能地占有被理想化的乳房可以满足嫉妒的目标，因为"当婴儿全能地占有母亲的乳房时，乳房就无法让它受挫或激起它的嫉妒"（p.171）；其次，与被理想化的客体认同提供了一层保护，避免了个体嫉妒的感觉。在分析的过程中，随着自恋的关系被修通、分离的意识出现，认识到客体（感知到客体的"好"）会引起嫉妒。认识到客体是一个分开的个体，可能会导致主体通过投射性认同的方式退回到自恋中，由此重新占有被嫉妒的客体，同时避免体验到对客体的嫉妒与依赖。自恋的位置与客体被认识的位置之间的摆动，可以在移情关系中细致地被分析。

力比多自恋与破坏性自恋

在进一步研究自恋状态的过程中，罗森菲尔德在《临床视角下有关生死本能的精神分析理论：一项关于自恋攻击面向的研究》（*A Clinical Approach to the Psychoanalytic Theory of the Life and Death Instincts: An Investigation into the Aggressive Aspects of Narcissism*, 1971）一文中对力比多自恋与破坏性自恋做出了区分。他强调说，一旦自恋的位置被摒弃，指向客体的攻击便在所难免,自恋的维持靠的是嫉妒性破坏本能的力量。在大多数病人身上,自恋中力比多与破坏性的面向是并存的,破坏本能的激烈程度也有所不同。在他看来,这两种形式自恋之间的差异,取决于死本能超越生本能占据主导地位的程度。

就力比多自恋而言,若是高估自己对理想化客体的内摄及投射性认同,自恋的主体便可以将外在客体拥有的、一切有价值的东西视为自己的一部分。只要外在客体被看作是自己的一部分,病人就不用觉察到客体,不过一旦外在客体被觉察到,这样的觉察就会引发憎恨与蔑视:"一旦与客体的接触让主体意识到客体独立于自体存在,全能的自我理想化就会受到威胁,破坏性也会变得明显"(p.173)。病人因为发现外在客体所具有的品质而感到羞耻。不过,当憎恨被发现后,病人便可以在意识层面体验到嫉妒,"于是,他可以意识到分析师是一个有价值的人,是在他之外的"(p.173)。

当破坏性的面向占主导时,嫉妒变得更为强烈,以想要摧毁分析师的形式出现,因为分析师客体代表了生命力与好品质的真实来源。同时,剧烈的自我毁灭本能开始出现,自恋的病人开始想象自给自足的状态,认为他为自己赋予了生命,不需要父母,他可以全然地自我供养,不必依赖任何人。当他们面对自己对分析师的依赖时,一些病人宁愿一切都不存在,试图摧毁分析的进展或破坏他们的专业成就及人际关系。在一些病人身上,死亡的愿望被理想化,作为一切问题的解决之道。这是死本能最纯粹、单一的表达形式。

无论是力比多自恋还是破坏性自恋,遭到攻击与憎恨的都是正向的力比多客体关系。例如,建立"好的"关系的需要,接受他人帮助的愿望。这些自恋的病人将需要帮助和爱看作是一种无法忍受的羞辱。一旦分析师让他们体验到依赖他人的必要性,他们就会感受到自己被奴役,这会危及他们的优越性。破坏与好妒的部分会暗自操作,隐藏在自恋主体对外在世界中的客体的冷漠态度之下。有时候,破坏性也会表现出"喧嚣"的一面,此时分裂也变得严重,病人的人格几乎完全认同了全能的破坏性部分,自体中的力比多部分被投向分析师,接着遭到攻击。不过,此时对于分析师的攻击,同时也是对于病人自己力比多部分的攻击,这部分的他投射性地与分析师认同。罗森菲尔德认为,这种极端的分裂是生本能与死本能之间的分离。

无论破坏本能多么强烈,临床工作的要点是找到通往依赖性的力比多部分的路径,由此削弱憎恨与嫉妒的影响力,让病人可以建立好的客体关系。"当问题在移情中被修通时,病人的某些力比多的部分变得活跃起来,开始出现对于分析师(代表母亲)的关心,这会缓和破坏冲动、减轻危险的认知解离"(p.173)。

罗森菲尔德的研究为仔细考察早期客体关系铺平了道路，许多接受分析者的自恋结构便根源于此。他的研究使一些现象的追本溯源成为可能，例如一些病人无法忍受分离，冷漠应对分析师的缺席，这是因为他们无法接受客体的出现，以及潜意识中希望自己终身被抱持、喂养和满足。

西格尔：自恋、自我—客体分化与象征化

汉娜·西格尔的理论及临床贡献涉及与我们的问题相关的部分：一方面是自恋以及它与嫉妒和死本能的关系；另一方面是在象征形成过程中，自我与客体分化的作用。

自恋作为死本能的一种表达

汉娜·西格尔关于自恋的看法大体上与罗森菲尔德等人类似，只有一点不同，即力比多自恋与破坏性自恋之间的区分。在西格尔看来，一切持续的病理性自恋都基于死本能与嫉妒。虽然力比多的成分不可避免地会掺杂在本能的融合状态中，但持续的自恋总是掌握在死本能的控制之中（Segal, 1983）。

西格尔相信生死本能的概念可以解决弗洛伊德有关原始自恋假设的问题，她将弗洛伊德学派与克莱茵学派的自恋观点进行比较：弗洛伊德认为，处于原始自恋的孩子将自身看作是

一切满足的来源，以致发现客体之后会产生憎恨；而克莱茵却认为发现客体后引发的是嫉妒。在弗洛伊德学派的原始自恋模型中，外在客体的优良品质较晚才会被发现，引发的是自恋的暴怒（narcissistic rage），对客体的憎恨源自外在世界的拒绝，而自恋的自我则是拒绝性的机构（Freud，1915d）。如果克莱茵的观点被接纳，即认识客体的能力从出生就存在，那么自恋的暴怒就是嫉妒的表达形式之一。西格尔总结说，自恋可以被看作是对抗嫉妒的防御，它与死本能以及嫉妒行为的关联，远胜于力比多本能的运作（Segal，1983）。她认为，生本能包含着对自身与赋予生命的客体的爱恋。与理想化客体的关系是生本能最初的表达形式，不会导致持久的自恋，而是一种暂时的状态，克莱茵凭直觉将它描述为"自恋"。随着进一步的发展，这段关系将会指向一个"好的"（不再是理想化的）内在客体，其根本在于爱自己，同时也爱着内在与外在客体。另一方面，死本能与嫉妒则会导致破坏性、自我毁灭性的客体关系与内在结构。

1984年，西格尔在欧洲精神分析联盟的讨论会上发表了《死本能概念的临床应用》（*On the Clinical Usefulness of the Concept of the Death Instinct*）一文，提供了关于死本能的新观点，进一步探讨了自恋病人对于死亡的理想化。对一些这样的病人而言，自恋的理想化采取的形式是理想化死亡、憎恨生命。死亡被妄想成为面对困境时的最佳解决之道，这些病人相

第五章　梅兰妮·克莱茵以及克莱茵学派的观点

信存在一种理想状态，可以免受一切的挫折与存在的忧患。西格尔也比较了弗洛伊德提出的"涅槃原则"（Nirvana Principle）与希望同时摧毁客体与自己的愿望：前者是一种死本能占主导的倾向；后者则是一种防御，对抗的是因觉察到客体而引发的痛苦。她描述了一位女性接受分析者的极端情绪反应，这一反应伴随着想要摧毁外在客体与具有感知能力的自体的愿望，为的是不用体验到引发挫折或焦虑的感知或本能。从这个观点来看，死本能的目标与嫉妒的目标衔接，两者在西格尔看来有着密切的关联："毁灭既是一种嫉妒中所包含的死本能的表达，同时又是对抗体验到的嫉妒的防御，通过毁灭令人嫉妒的客体以及渴望客体的自体来达成"（p.10）。在该文中，西格尔也表明，在有利的环境中面对死本能可以调动起生本能。

那么，一个人如何脱离自恋呢？西格尔问道。在她看来，要脱离这种自恋结构、建立非自恋的客体关系，唯一可能的途径便是"修通"抑郁位置。因为自体与客体在抑郁位置中形成分化：

朝向抑郁位置移动，意味着转向一个新的情境：对于外在与内在好客体的爱与感激，反对投注给一切位于自体之外的好事物的嫉妒和憎恨。收回的投射会导致不断的整合与分离，这让朝向客体的爱能够被客观地体验到。它同时也意味着，允许客体脱离主体的控制,承认客体与其他客体之间的关系。当然,修通抑郁位置的能力也包含修通俄狄浦斯情结的能力,以及认同一对具有创生能力的配偶(creative parental couple)(Segal & Bell, 1991)。

客体丧失与象征形成

象征化的过程是修通分离与客体丧失能力的核心,汉娜·西格尔(1957, 1978)特别说明了如何用象征符号(symbol)克服被承认的丧失,而象征等同(symbolic equation)则被用于否认主体与客体的分离。

在她看来,象征化的过程需要自我、客体与象征符号三者的参与,而象征符号是伴随着从偏执—分裂位置到抑郁位置的转变过程逐渐形成的。

在正常发展的过程中,偏执—分裂位置从生命的开端开始运作,此时几乎不存在缺失的概念,早期的象征符号由投射性认同形成,产生的形式是象征等同。西格尔引进"象征等同"这个概念来指代早期的象征符号,它们与后期形成的象征符号极为不同。早期的象征符号被看作是原始客体(original object)本身,而不是作为象征符号或替代物。在心理发展的过程中,自我—客体分化的障碍,会导致象征符号与被象征的客体之间分化的障碍。这就解释了为什么象征等同是精神病人特有的有形思维（concrete thought）的根源所在。

到达抑郁位置时，自我与客体之间的分离与分化程度扩大，在重复体验到丧失、重聚与再创造之后，一个好客体便稳固地安置在自我当中。于是，象征符号被用于克服丧失。此时丧失是被接受的，因为自我能够放弃客体并为之哀伤，正如西格尔所言，这个过程就像是自我的一种创造。不过，这个阶段也并非不可逆转，因为象征可能会在某些退行的时刻变回有形的形式，甚至非精神病性的个体也有可能经历这一过程。

同时，西格尔还指出，形成象征符号的可能性支配着沟通的能力——无论是与外在世界沟通还是与内在沟通——因为一切沟通的媒介都是象征符号。在主体－客体分化出现障碍时，象征符号在感觉上是有形的，不能被用于沟通。这是分析精神病人会遇到的困难之一。相反，抑郁位置具有的象征能力，可以用于处理未解决的早期冲突——方式是将这些冲突象征化。因此，自我（以及相关的早期客体关系）当中因为分裂而遗留的焦虑，逐渐由自我通过象征化的形式处理。

罗森菲尔德与西格尔的贡献在临床上的意义

经由罗森菲尔德与西格尔的发展，克莱茵学派的概念"构成自恋的原始客体关系"最终在很大的程度上影响了精神分析的技术。人格当中自恋部分与非自恋部分的关系，成为修通过程的基本要素,这不仅仅适用于自恋或精神病人,也适用于受损较轻的主体。此外,这项研究将注意转向自恋当中更广泛的本能与防御类型,其中一些防御对抗的是分离,而另一些对抗的则是自我—客体的分化。

同时,在技术水平上,这项研究也说明了及时分析会谈过程中自恋机制的好处,这些自恋机制会细致地出现在分析师与接受分析者的关系中,常常用于对抗由分离与分化引起的焦虑,以便回避会谈之外时而出现的灾难性反应。

从自恋倾向到认识客体,这一转变绝非一个线性的过程,而是不停的进步与后退、前进与撤离,这样的摆动是分析工作必不可少的组成部分。随着全能感与嫉妒的逐渐减弱,接受分析者开始较少地感受到被令他嫉妒的客体迫害,他与内在好客体建立起一段更加信任的关系,并逐渐从偏执—分裂位置摆向抑郁位置。一种不一样的感觉出现了:体验到挫折,以及在俄狄浦斯情结背景下与父母性特质有关的欲望。

比昂:"容器—被涵容者"关系的变化

比昂贡献了一些新的基本概念,其中"容器—被涵容者"(container-contained)与"沉思的能力"(capacity for reverie)被看作是忍受焦虑(特别是分离焦虑)的必要前提。比昂认为,为了让接受分析者能够忍受分离焦虑并内摄这一功能,他必须体验到自己拥有一位能够理解并涵容他的精神分析师。对分析师而言,重要的是接收投射性认同,并知道如何使用它。例如,某位接受分析者因为迟到而让分析师等待:如果这位分析师能够聆听迟到所沟通的意义,并诠释接受分析者相信自己的缺席会让分析师产生的一切感受,那么这就是意味着他允许接受分析者内摄一位能够忍受并修通焦虑的分析师。

投射性认同作为一种沟通的手段

比昂以一种原创的方式拓展了克莱茵的概念"投射性认同",赋予了它新的意义。他不仅对正常以及病理性的投射性认同形式做出了区分,还把投射性认同看作是孩童最初的沟通形式,是思考与修通焦虑等行为的起点。

在克莱茵看来,投射性认同是一种原始防御,从生命最初的几个月起便开始运作,构成了婴儿情绪发展的一部分。她说的是一种全能的幻想,婴儿通过将人格或内在世界中某些不想要的(有时也会是渴望的)部分投射给外在客体,以此来摆脱这些部分。梅兰妮·克莱茵描述了作为外在客体的母亲角色(死本能转向该客体),而比昂则更细致地阐述了母亲的这种重要功能,即作为外在客体,母亲接收婴儿无法控制的焦虑与情绪并将其转化,令其成为婴儿可以忍受的形式。

比昂将分析师－接受分析者的关系与母婴关系类比,指出分析师(或母亲)并不只是被动地接收,还得主动地参与思考并修通焦虑的过程。因此,该过程的关键在于容器的品质,也就是说,分析师与母亲的品质。

在母婴关系中,"容器—被涵容者"模型可被用于呈现投射性认同的成功与失败。如果母婴之间能够相处融洽,婴儿就会使用投射性认同来唤起母亲的某些感受——那些婴儿自己想要摆脱的。例如,当婴儿因为饥饿而感到焦虑时,它可能会尖叫或哭泣。如果这时候妈妈可以理解它,并采取行动来满足孩子的需要(比如,将孩子抱起,给它喂奶并安抚他),孩子就会觉得他已经将一些无法忍受的东西转移到母亲身上,而且母亲也已经将这些东西变得容易承受了。于是,婴儿便可以重新内摄他现在已经变得可以忍受的焦虑,同时也内摄了母亲涵容与思考的功能。这个例子中的母亲,成为婴儿躯体感觉的容器,良好的心理成熟度令她发挥了好客体的功能,将饥饿转化成满足,孤独转化成陪伴,"将即刻死亡与焦虑的恐惧转化成活力与自信,将贪婪与吝啬转化成爱与感激,将婴儿的坏特质变好并返回"(Bion, 1963:31)。

"沉思的能力"

比昂用"沉思的能力"这个术语来描述母亲能够接受婴儿

投射性认同的才能。沉思的能力与被涵容者是密不可分的，因为后者必须仰赖前者，被涵容者的心理品质通过沟通来传导，由此建立起与孩子的连接。之后的一切都将取决于母亲心理品质的特性以及它对婴儿心理品质的影响。"如果喂养的母亲无法提供沉思的能力，或是沉思的状态缺乏对婴儿或其父亲的爱，这一事实将会传达给婴儿，虽然婴儿还无法理解这点"（1962:36）。因此，比昂眼中的沉思是一种心智状态，接收所有来自爱的客体的事物，也接收婴儿的投射性认同，无论这些在婴儿的体验中是好是坏。

母亲与孩子的整个复杂互动帮助最初的思想得以形成，两种主要的机制参与了形成"思考想法"（thinking thoughts）的器官的过程。第一种是以被投射之物与涵容该物的客体之间的动力性关系为代表的，前者被称为"被涵容者"（由♂这一男性象征符号来指代），后者被称为容器（由♀这一女性象征符号来指代）。第二种机制则是以在偏执—分裂位置与抑郁位置之间摆动的动力性关系为代表的。

如果母亲与孩子之间的"容器—被涵容者"关系功能良好，那么孩子便能够内化好的体验，内摄一对"快乐的夫妻"，其中包含一位具有容器功能（α功能）的母亲，她能够接收婴儿的情绪（被涵容者）——婴儿通过投射性认同存放在她那里的情绪。此功能是一切思维活动的来源，正如我们随后将要看到的，因为"思考取决于成功内摄一个好的乳房，用以在早期执行 α 功能"（1962:31-2）。

比昂区分了人格的两种功能——α 功能与 β 功能——用于理解某些临床现象。α 功能的用途是将感觉印象（sensory impressions）转化为"阿尔法元素"，后者可用于形成梦境思维（thought of dreams）、对过往的印象与记忆。与之相对的"贝塔元素"则无法用于思考、做梦与记忆，对心智器官而毫无用处可言，需要通过投射性认同驱逐出去。贝塔元素主导着精神病人，导致了他们的思维障碍，令其无法形成象征符号，倾向于行动化和使用有形的思维（concrete thought）。比昂也把孩子通过重新内摄变得可以忍受的焦虑的能力，描述为 β 到 α 的转化。

除了动力性的"容器—被涵容者"关系，比昂描述了第二种机制，即克莱茵的偏执—分裂位置与抑郁位置之间的动力性互动。他用 PS←→D 这个记号来表示心智在偏执—分裂位置与抑郁位置之间持续的摆动，前者是一种分崩离析的倾向（分裂，否认，理想化与投射性认同），后者包含一种整合的倾向（重新整合分裂与投射，爱与恨的矛盾情感）。焦虑的情境可能会导致自我与客体的消散，破碎成各种各样的微粒。相反，比昂将能够令消散之物恢复连贯性、令混乱恢复秩序的情感或观点称为"筛选过的事实"（the selected fact）。

第五章 梅兰妮·克莱茵以及克莱茵学派的观点

"容器—被涵容者"关系的变化

母亲与孩子的关系有着与比昂的"容器—被涵容者"关系一致的功能,可以通过正常的投射性认同导致思考以及社会交往能力的发展。然而,这一功能也会出现各种各样的障碍,无论是孩子一方还是母亲,都会出现病理性的投射性认同与思维障碍,就像在精神病人身上会看到的那样。

从孩子一方来看,比昂认为挫折忍受力是一种内在的人格因素,是获得思考与忍受焦虑能力的重要因素。忍受挫折的能力将会决定未来的思想过程,以及与他人沟通或沟通失败的过程。

比昂的这些概念可以被简要地概括为,"思想"(thought)是"前概念"(preconception)与挫折结合的产物。这一模型可描述为婴儿在等待乳房:能够提供满足的乳房的缺失,会被体验为"没有乳房"(no breast),即内部有一个"缺失"乳房。如果忍受挫折的能力足够,嫉妒不是太强烈,那么内部的"没有乳房"成为一个想法(a thought),一个用于思考想法的器官便开始发展了。客体缺失的印象与挫折,会在婴儿心中产生一个"有待解决的问题",这便是合理的想法以及从体验中学习的可能性的开端:"忍受挫折的能力使得心灵通过发展思想的方式来让挫折本身变得更容易忍受"(Bion, 1967:112)。

另一方面,如果忍受挫折的能力不足,嫉妒过于强烈,内部坏的"没有乳房"迫使心灵在逃离挫折与减轻挫折之间做抉择。缺乏挫折忍受力的人更倾向于逃离挫折。本该成为一种想法的事物，如今变成了坏客体，只适合被驱逐出去，导致投射性认同过度强烈地发展。

最终的结果是，所有的想法均被认为与内在坏客体没有区别，合理的体系不是用于思考想法的器官，而是让心灵摆脱坏的内在客体的器官（1967:112）。

于是，破坏性的工作被用作是逃避"认识"（realization）的手段。占主导地位的投射性认同模糊了自体与外在客体之间的界线，妨碍了思考的能力，还可能会导致一种基于"了解越多，批判越多"（tout savoir, tout condamner）原则的全知状态，取代了"从体验中学习"。

从母亲一方来看，出现障碍可能是因为她无法忍受婴儿的投射，即她以焦虑或冷漠来应对。于是，婴儿沦落于更强烈、更频繁的投射性认同中，再内摄的过程也是如此。例如，如果婴儿投射给母亲濒死的感觉，投射又不能为母亲所接受，那么"婴儿会觉得它濒死的感觉没有相应的意义。因此，它重新内摄的不是变得可以忍受的对死亡的担心，而是一种'无名的恐惧'（nameless dread）"（1967:116）。在分析中，这类病人似乎

第五章 梅兰妮·克莱茵以及克莱茵学派的观点

无法从环境中获取任何益处，从分析师那里也一样，这会阻碍他发展思考的能力以及忍受挫折与焦虑的能力。

从生命一开始，孩子就会发现自己处于两条交叉的发展线当中。随着忍受挫折的能力增强，他变得可以思考自己的想法，能够创造用于表达自己想法的象征符号和语言，这一发展与人格中非精神病性的部分一致。相反，无法忍受挫折会导致思考、象征、沟通等能力上的障碍，这是人格中精神病部分的特征。

临床症状

如是将"容器—被涵容者"的动力性关系应用于忍受分离焦虑的能力，比昂的观点就能够更好地帮助我们理解正常的投射性认同与独特的恢复力（buoyancy）之间的互动，前者是自我整合的基础，后者是我随后将要提到的容忍与修通分离焦虑的能力。为了忍受这类焦虑，在心智中建立痛苦与焦虑的容器是基本条件。比昂的设想考虑到各方面的因素，接受分析者不仅能够重新在情绪上获得可以忍受的"被涵容者"（已经投射给分析师的分离焦虑），同时还能内摄"容器"（能够忍受分离焦虑的分析师所具有的"沉思能力"）。

梅尔策：精神分析的历程与分离焦虑

在《精神分析的历程》(The Psycho-Analytical Process)一书中，梅尔策（1967）提出的关于移情发展的理论，本质上基于接受分析者回避修通分离焦虑的策略。无论面对的是儿童还是成年病人，都可以在精神分析治疗中观察到梅尔策描述的转变。不过，他对病人的描述常常呈现出一个系统的特征，可能会对临床工作者造成困扰，特别是他们在临床实践中遇到微妙且复杂的情形时。然而，梅尔策的这本书写于其早期的职业生涯中，他的分析技术之后有所改变。

投射性认同与分析的周期

梅尔策在《精神分析的历程》一书中主张，对任何分析而言，第一个周末面临的分离非常重要，因为它会导致接受分析者出现婴儿化的倾向，对外在及内在客体进行大量的投射性认同。因此，"分析情境"会立即出现两个过程：一方面，接受分析者体验到莫大的解脱，因为了解到自己在关系中与分析师相遇；另一方面，这位接受分析者会同时面临初次周末分离造成的打击，就像"圈中之狼"（like a wolf in the fold）（1967:7）。这两个过程（因为理解获得的解脱以及分离的打击）"调动起

第五章 梅兰妮·克莱茵以及克莱茵学派的观点

分析过程类似波动的节奏，重复着变化的频率，一小时又一小时，一周又一周，一季度又一季度，一年又一年"(1967:7)。

在梅尔策看来，这种依赖大量投射性认同的方式，将会在治疗每次遇到例行分离时再次出现，也会因为分析的连续性遭遇无法预见的干扰而再现。因此，在很长的一段时间内，这种动力将会主导分析的过程，直到潜在的焦虑被修通，虽然修通的过程永远没有终结。

梅尔策的观点以罗森菲尔德的为基础，强调大量使用投射性认同的方式对抗分离焦虑，会导致焦虑的部分自体与（外在或内在）客体的暴力结合，以至于接受分析者表现得一点都不焦虑，诠释也一直无效，直到使用投射性认同的时期顺利度过。对客体的入侵可能会导致混淆状态，于是谁是分析师、谁是接受分析者变得模糊不清，在一些个案身上甚至还会建立真实的妄想结构（delusional structure），强化了全能感与自恋。此外，正如梅尔策所言，过度的投射性认同"可以起到对抗一切产生婴儿水平的心灵痛苦结构的作用，直到这一机制在某种程度上被摒弃，否则没有任何问题可以真实地被修通"(1967:23)。

这一被描述为"聚集移情过程"的初始阶段，在分析神经症病人（neurotic）时可能会持续几个月甚至一年。不过，对于边缘与精神病人（borderline and psychotic），梅尔策认为修通此过程作为分析工作的本质，贯穿着整个治疗。

精神分析历程的几个阶段

随后，梅尔策描述了分析性治疗会呈现的几个按照时间先后顺序的阶段，以及各个阶段的特征。随着最初大量使用的投射性认同的减少，以及分析关系的变化，这些阶段最终导致将解决移情的问题。

在没有进入这些不同阶段的细节之前，我们可能会想起紧跟着最初阶段的"处理地域性混淆"(the sorting of geographical confusions)，其特点是自体与客体的逐步分化，以及能够更好地区分客体的内在与外在。相应的修通工作之所以能够进行，是因为系统地探索了投射性认同如何因分离焦虑而在移情中变得强烈。与此同时，一种有限的形式出现了，即婴儿般地依赖被梅尔策称之为"厕所乳房"(toilet breast)的外在客体，这种依赖具有驱逐的特性，是一种部分客体关系(part-object relation)，其本质是持续大量地分裂客体。

随后，投射性认同倾向的减弱会导致"处理区块性混淆"(the sorting of zonal confusions)的需要，使得混乱的状态逐渐变得有序，脱离过度沉溺于移情关系的状态。这一发展会导致内摄"喂养乳房"(feeding breast)的体验，从而处理在前生殖器与生殖器阶段的俄狄浦斯情境。

在这之后的下一个阶段是"跨越限制进入抑郁位置"（threshold of the depressive position），紧跟着最后的阶段"断奶历程"（the weaning process）。随着分析临近结束，接受分析者开始意识到分析师对他的重要性，他可以失去他，不过他发展出一项对自己内省力的新兴趣，抵消了对分析不可避免会终结的觉察。

肛门自慰与分离焦虑

梅尔策（1966，1967）也强调了幻想肛门插入式的自慰以及应用大量的投射性认同来防御分离所起的作用。

肛门自慰包含了大量不同的力比多成分与攻击成分，比如，对原初场景（primal scene）的潜意识攻击相关的妒忌、嫉妒与内疚，这些成分均代表了对抗分离的特定防御。对受损较轻的接受分析者而言，肛门自慰是隐秘的性格特征，如果分析师要使用这一理论概念，那么他必须在幻想与梦境中寻找相应的材料。

黏附性认同

毕克（1968）与梅尔策（1967，1975）的研究与安齐厄（1974）的研究有很多的共同点，他们假设存在一种认同模式，比投射性认同更早出现，会导致极为强烈的分离反应：它就是黏附性认同（adhesive identification）。使用投射性认同的主体会把自己放到客体"里面"，而使用黏附性认同的主体会"紧贴"（cling）客体，让自己与客体维持"皮肤对皮肤"的接触。浅薄与不真实（"假成熟"）是这类人格的特点。

毕克（1968）认为，黏附性认同是非常早期发展阶段中的过失造成的，此时婴儿需要的是内摄性认同母亲的"涵容"功能。这一内摄的失败会导致一些孩童（特别是自闭症儿童）过度需要依赖外在客体，将外在客体作为替代性的自体容器来使用。因此，他们极度难以忍受与关心的外在客体分离：每次分离都会引发对心灵崩溃、感到支离破碎及思维障碍的恐惧。

在《自闭症研究》（*Explorations into Autism*）一书中，梅尔策等人（1975）描述了客体关系的4种基本类型，并将每一种类型放置在相应维度的心理空间中。这些作者同时也假定存在一种不分离（non-separation）的一维空间，其中时间与空间均消融在自体与客体的线性维度中，这样的心灵世界被认为是自闭症的特征。如果存在比投射性认同更古老的认同模式，那么是否存在如弗洛伊德假定的、自我与客体未分化的原始状态？这将会再次对克莱茵与此相关的观点提出疑问。

回到原始自恋？

当然，克莱茵理论的一个根本假设是：客体关系从生命一开始便已经存在。在这方面,她不同意弗洛伊德的观点,后者认为存在最初自我与客体未分化的状态,即一种原始自恋(primary narcissism)的状态。随后,后克莱茵学派的分析师们将自我—客体未分化的自恋状态包含在投射性认同与嫉妒的概念中(Rosenfield, 1964a),或是诉诸"黏着的核心"(agglutinated nuclei)的概念(Bleger, 1967)。不过,这些概念都以客体关系从生命一开始便已经存在为先决条件。

布来格(1967)主张有一个自我—客体"黏着一体"的早期阶段先于克莱茵的偏执—分裂位置存在,是婴儿最原始的体验。根据这位作者所言,自我与客体的区分是随着孩子的发展逐渐获得的,发展经历最初共生的连接,以及随后认识到客体是一个分开的个体。

与瑞斯克(Resink, 1967)和图斯丁(Tustin, 1981)一样,毕克与梅尔策在自闭症领域的新假设似乎对克莱茵的根本假设提出了质疑。在梅尔策看来,《自闭症研究》一书中描述的关于某些自闭症儿童的临床素材,预示着这些孩童还未能达到黏附性认同的阶段,更不用说投射性认同(心理发展的原始阶段)。无法到达这两个阶段的原因可能是他们"迷失了或不足以开始"(p.240)。只有在经历一段时间的分析后,一个恰当的自恋组织才有可能会发展出来,"包含了严厉与残酷,以及随之产生的被迫害的担心"。因此,梅尔策是否将"原始客体—自体融合"的阶段看作是随后发展阶段（黏附性认同与之后的投射性认同）的必要条件，对此的好奇等同于直接再次引入自我与客体在生命早期缺乏分化的概念，同时也是弗洛伊德饱受争议的原始自恋的概念。

第 六 章

其他主要精神分析理论中的
分离焦虑和客体丧失

我们现在将转向其他的客体关系精神分析理论,以及分离焦虑和客体丧失在这些理论中的位置。在对精神分析实践仍有影响的理论中,我挑选了我认为最重要的理论来讨论。

我将从费尔贝恩的理论开始,他根据个体分化和分离焦虑的修通程度,区分了个体对客体依赖的不同水平。接下来,我将介绍温尼科特关于早期焦虑和抱持功能(holding function)的观点,他为精神分析贡献了抱持这个概念——抱持有助于个体加强"他人在场时的独处能力"。之后,我将讨论安娜·弗洛伊德和斯皮茨一派思想中分离焦虑的位置,以及马勒的分离个体化概念和科胡特的技术。安娜·弗洛伊德、斯皮茨和马勒,以及克莱茵和后克莱茵分析师的论点,实际上都可以看作是理解成人和儿童分离和客体丧失焦虑的模型。每个模型都具有独特的思路，其原创性在于各自都能自圆其说，因而不能相互比较。最后，我会讨论鲍尔比的独特地位，他对分离和客体丧失的研究具有权威性，但他的结论却已偏离精神分析的特殊领域。

费尔贝恩：依赖与分化焦虑

寻求客体的力比多

自费尔贝恩坚持在精神分析的理论和技术中运用客体关系后，他从20世纪30年代末开始着重研究分离焦虑。当然，他最初的研究基于对弗洛伊德某些观点的修订：费尔贝恩认为，弗洛伊德过分强调力比多寻求愉悦的面向，而未充分关注力比多寻求客体的面向。他一再重申："力比多主要是寻求客体，而不是愉悦"（1941）。

基于亚伯拉罕（1924）提出的力比多发展阶段的概念，费尔贝恩认为，客体与客体关系的性质会因不同力比多阶段而改变。他区分了婴儿发展的两个主要阶段——口欲期和生殖器期，以及两者之间的"过渡期"（这一概念最终发展为温尼科特的"过渡现象"概念）。在口欲期，客体首先是乳房，然后是提供乳房的母亲；而在生殖器期，客体（即力比多的投注对象）是一个拥有特定性器官的完整客体。

根据费尔贝恩的观点，在力比多发展的过程中，这两种极端的客体阶段（口欲期和生殖器期）在两种基本的客体关系形式中都具有对应物：①原始的客体关系形式，特征为婴儿期依赖，以口腔吞并客体为基础；②已发展的（成熟的）客体关系形式，以有能力去建立成熟依赖的客体关系为特征，"自我—客体"的分化是其必要条件。在费尔贝恩看来，认识到自我与客体的分化，是力比多发展过程中的一个重要阶段，因为它让基于原始认同（口腔吞并）的客体关系过渡为具有生殖器特点的客体关系，即与分开、分化的客体建立爱与被爱的关系。

这一发展发生在逐渐放弃与采纳的过程中，放弃的是基于原始认同的原始关系，采纳的是基于"自我—客体"分化的客体关系。在这一过程中，如费尔贝恩（1952:145）所言，"与客体分离成为孩子焦虑的最主要来源"。在"婴儿依赖"的早期阶段的客体关系中，客体关系的"口腔吞并"特质，决定了原始认同和自恋的主导地位［这是对弗洛伊德（1921c，1923b）的引用，在他看来，认同是客体—贯注的最初形式］。费尔贝恩也解释了，虽然他使用"原始认同"一词来定义（力比多）对还未与主体分化的客体的贯注，但这种用法并不恰当。因为，他觉得"认同"应该用于指代与已经（或部分）分化的客体建立关系的情感过程。这一过程对应着我们常说的"次级认同"，具备"成熟依赖"阶段的特征。成熟依赖被定义为"已分化的个体与已分化的客体建立合作关系的能力"，即"自我—客体"分化的能力。费尔贝恩用成熟依赖这个说法，因为没有人能够完全独立于客体。

个体在发展过程中，要经历从婴儿依赖到成熟依赖的转变，必须面对"自我—客体"分化所引发的分离焦虑。的确，这个过程常常伴随着极大的焦虑，表现为坠落的梦、以及恐高或广场恐惧等症状；担心这个过程会失败的焦虑则反映在个体感到被监禁或受限。

分离焦虑在心理病理中的角色

费尔贝恩曾经密切关注分裂（schizoid）的病人。在分析他们的过程，他注意到，这些病人很难放弃婴儿期的依赖，倾向于固着在过渡阶段，该阶段以多样化的防御手段为特征，如偏执、强迫、癔症与恐惧症（1940）。这些固着阻碍个体进入生殖器阶段，该阶段意味着个体能够相信父母真的把他当作一个人去爱，同时也能接受他的爱。"在缺乏这种信任的情况下，他与客体的关系就会被过多的分离焦虑占据，以至于他无法放弃婴儿期依赖的态度"（1941:39）。因此，费尔贝恩认为，分裂病人的冲突（"要不要吸吮"等同于"要不要爱"）早于抑郁病人的冲突（"要吸吮或咬"等同于"要爱或恨"）。费尔贝恩关于"分裂"的概念后来被克莱茵用于发展"偏执—分裂位置"理论。

费尔贝恩后来发展出"原始认同中的客体的特质"这一概

念。他认为，痛苦的婴儿期体验导致个体依赖"坏客体"，而这种依赖也是个体抗拒分析的主要形式之一。分析师需要在移情中与病人建立足够好的客体关系，让病人有能力打破与"坏"客体的力比多纽带，因为即便是"坏"的客体，也是病人目前为止不可或缺的。

最后我要补充的是，在费尔贝恩看来，战争中神经症的关键因素是分离焦虑（基于他对1939—1945年战争的体验）。

费尔贝恩清晰、深刻的观点，对精神分析的思想有着长远的影响。即使有人批评他拥护的特定立场或他理论假设中的空白（Klein 1946；Pontalis 1974；Segal 1979），费尔贝恩的影响力也并未消减，正如派德尔（1973）所言，这些批判更多是潜意识而非意识层面的。很多作者的确在其精神分析作品中间接提及费尔贝恩的思想，却没有意识到这一点。至今仍令我感到讶异的是，只有他1940年论文被译成法文，而他的精神分析经典文献《人格的精神分析研究》，仍有待被翻译。

温尼科特：抱持和原始情感发展障碍

早期焦虑与母婴照料的缺乏

在温尼科特看来，分离焦虑与早期情感发展障碍有关，这就需要我们调整分析情境——有时需调整设置——而非使用诠释。

温尼科特将心理发展障碍区分为两种相对的水平——原始水平和神经症水平,分析师的回应要根据接受分析者的障碍水平而有所不同。有原始情绪发展障碍的接受分析者无法用语言沟通,无法接受诠释。分析师必须通过对分析情境的"调控"来进行回应,对接受分析者采用"一种态度"。因为在温尼科特(1945,1955)看来,对于这种程度的退行,诠释是无效的。然而,如果情感障碍属于神经症的水平,并且接受分析者已进入关心客体的阶段,能够用语言沟通,那么分析师就可以有效地使用诠释,运用经典的分析技术。

温尼科特认为,在"原始情感发展"层面的障碍——例如过度的分离焦虑,是生命前6个月早期母婴关系未能建立的表现。这一初始的阶段决定了主体后来的生活,此时婴儿的原始发展完全依赖于母亲的照顾或"抱持"。在温尼科特看来,虽然婴儿拥有自发的成长趋力,但仍然高度依赖母亲对其发展的照料。母亲的照料是婴儿克服困难的必要条件,使它完成从原始自恋到客体关系阶段的转变,即接受母亲是一个独立且与自己不同的客体。

如果条件良好——比如,当母亲"足够好"时,她为孩子提供了一个具有双重功能的"幻想领域"(area of illusion)。首先,这一幻想领域让婴儿在外在环境中延续自己的自恋,因此婴儿很难感觉到子宫与现实世界之间的区别；其次，她也会让婴儿逐渐幻灭（disillusion），逐渐让它接触到现实："母亲的最终任务是让婴儿逐渐幻灭，不过要完成这一任务，她必须先提供足够的幻想满足的机会"（Winnicott, 1953:238）。温尼科特提到的幻想（illusion）只是一种半幻想状态（semi-illusion），他解释说，彻底的幻想就会成为幻觉（hallucination）。温尼科特再次使用"过渡性现象"这一术语来指代发生在幻想领域的过程，这一过程能让婴儿"接受相似与差异"（1953:233-234）。

温尼科特还提到，成熟的过程意味着逐步引导孩子发展出独处的能力。最初是在母亲在场时独处；之后，这个支持自我的环境逐渐被孩子内摄，孩子最终有能力真正地独处。虽然他的潜意识中一直都存在内在的人物，这一人物代表了母亲及她为孩子提供的照料（1958:39）。

在不利的情况下，如果母亲没有为她的孩子提供适当的环境并满足其需要，孩子就会变得过度焦虑。母亲没有能力识别婴儿的需要，也就无法觉察婴儿不能忍受什么，僵化的防御因此出现，旨在否认自我和客体的差异。通过这种方式，替代"真自体"（1960）的"假自体"（false self）形成了，用来弥补母亲照料的不足。

抱持与分析情境

提出原始情感发展的观点后，温尼科特将其应用于分析情境，并将分析师的功能等同于母亲的照料。1955年，他在日内瓦举办的国际精神分析大会上提出，对于具有原始情感发展障碍的接受分析者，分析师的诠释可以提供改善这些不足的可能性。在温尼科特看来，适用于神经症的经典诠释技术，不足以帮助有原始情感发展缺陷的接受分析者——这些接受分析者需要经历有形的情感体验，以便可以退行，进而走上一条新的路径。由于假自体是母亲照料不足所导致的，温尼科特认为，如果分析师为接受分析者提供有利的外部条件，即与最初母亲的照料相似的条件，成长的愿望就会重新出现。

因此，温尼科特强调：分析师不干涉退行，反而以一切可能的方式鼓励退行，这是发展能够重新开始的前提条件。在分析设置中，接受分析者退行的意义在于回到早期的婴儿依赖状态，即接受分析者与设置融合，形成原始自恋，接着真自体在逐渐放弃融合的过程中自然地发展出来。

以发展为目的的退行

温尼科特（1955）因此认为，是分析性抱持的积极方面决定了退行的发生：他认为抱持提供了一种宽容和满足的体验，创造了有利于开始退行的条件,通过活化婴儿期的依赖来治愈。在接受分析者具有原始情绪发展障碍的情况下,分析师必须在一段时间内,放弃经典的诠释技术,让自己容纳、陪伴接受分析者的退行,并观察退行结果。对于一些接受分析者,温尼科特建议修改经典分析技术,但他对此并未明确阐述。在一个临床案例中,他提到一位女性接受分析者在会谈结束时体验到非常强烈的焦虑,因此他认为有必要延长几个小时,直到接受分析者能够表达正常,因为在正常时间的会谈里,她没有足够的时间将她想说的告诉分析师:

> 在开始与我工作之前,她已经经历了历时6年、每周5次的长程治疗,但她发现她需要一个不限时间的会谈,对此我只能每周提供一次。我们很快就确定了一次为时三个小时的会谈,后来减为两个小时(Winnicott, 1971:56-57)。

在许多方面,巴林特的观念都与温尼科特类似,特别是退行对于推动分析的进展,以及两类接受分析者——发展有达到生殖器期水平和未达到的人——的区别。当个案进入俄狄浦斯水平时,接受分析者和分析师拥有共同的沟通语言,诠释才能发挥功能,解决个案的心理冲突。相反,若接受分析者尚未克服"基本缺陷"(basic fault)的退行水平,分析师和接受分析者之间就会存在一个差距,如同一个地质断层,费伦奇将此定义为成人与儿童间的语言混淆(confusion of language),此时使用口头语言和诠释是不合适的。对巴林特来说,当一个接受分析者处于"基本缺陷"(1968)的原始水平,分析师必须为他的发展创造一个"新的开始"(1952)。

根据客体关系以及相应的焦虑,巴林特还区分出两种基本的人格类型,即亲客体倾向(ocnophile)和疏客体倾向(philobath)。亲客体倾向于黏着客体,害怕有空间,空间会引起这类人的焦虑:"恐惧是因为离开客体,会因为再次与客体融合而消除"(1959:32)。对巴林特而言,疏客体倾向则拥有相反的幻想,即,个体可以不需要客体。最后,巴林特尝试解释一些接受分析者会因为"亲客体倾向需求"而在身体上与分析师靠近,在治疗时触碰分析师并黏着他。他认为这类对身体接触的需要是个体在表达被放弃或抛弃的恐惧,也呼应了个体重新获得"原始(客体)爱"的需要,这在巴林特眼里相当于回到原始自恋:"(需要靠近的)目的是借由靠近和触摸来恢复最初的主体—客体身份"(1959:100)。这会让我们想到,巴林特是否试图建立一个理论基础,不仅用来解释一些接受分析者对身体接触的强烈需求,而且还对应着费伦奇提倡的一些主动技术,例如通过行动而非诠释,去回应接受分析者对身体接触的具象需要。

第六章　其他主要精神分析理论中的分离焦虑和客体丧失

安娜·弗洛伊德和勒内·斯皮茨：发展阶段与分离焦虑

安娜·弗洛伊德的观点，特别是关于婴儿发展中分离焦虑的部分，是当代儿童与成人分析的重要思潮之一。勒内·斯皮茨的思想也可以包含在这一股思潮中。

安娜·弗洛伊德：分离焦虑对发展的影响

在作为儿童精神分析师的长期生涯中，安娜·弗洛伊德相对较晚才关注到分离与客体丧失的问题：在早期的工作中，她没有提到分离与丧失的问题，直到后来才明确提出，尽管她是最早在分离情境下观察婴儿的精神分析师之一（Bowlby，1973）。

安娜·弗洛伊德的著作确实有提到焦虑，如1927年和1928年关于儿童分析的文章或《自我与防御机制》（1936），但是她没有提到分离焦虑，也没有提到弗洛伊德在《抑制、症状与焦虑》中提出的关于焦虑的最终理论（1926d）。在观察到与父母分离的婴儿后，安娜·弗洛伊德开始对战争导致的分离问题产生兴趣（1943）。尽管她对婴儿无助状态观察得很精确，描述得也很动人，但她没有将这些表现系统地与普遍意义的焦虑联系起来，更不用说与分离的关联了。

在她的后期著作中，安娜·弗洛伊德转向了儿童分离焦虑问题的临床和理论（1965）。她描述了生命早期焦虑表现的不同形式，包括分离焦虑，不同形式的焦虑被认为是不同客体关系发展阶段的特征。她描述的各个阶段可归纳如下。

第一阶段被认为是共生的，它是"母-婴之间的生物性融合"的阶段，是一种未分化的自恋状态，在此状态下客体并不存在。第二阶段的标志是，能满足生理需要的客体关系的出现（依附关系）。第三个阶段是矛盾的施虐-肛门期关系，在此阶段孩子寻求主导、并控制客体。第四阶段是客体恒常性，此时孩子已经获得了一个积极稳定的内在客体，不管外在环境是否能令人满足。第五阶段，或者说生殖器期，是完全以客体为中心。

因此，分离的后果会因为发生阶段的不同而不同。分离焦虑恰恰出现在第一阶段，此时母婴之间处于生物性融合的阶段，这与鲍尔比描述的分离焦虑一致。除了分离焦虑，在随后的阶段会出现其他焦虑的形式：斯皮茨所描述的依附性抑郁（anaclitic depression）对应于第二阶段，而在客体恒常阶段，个体焦虑的主要是恐惧失去客体的爱。

安娜·弗洛伊德认为，如果个体在随后几年仍有强烈的分离焦虑，那么他就是持续固着在共生阶段了。

接受分析者面对分析中断的反应也是安娜·弗洛伊德非常

感兴趣的,因为这些反应阐明了孩子的"发展阶段"与退行点之间的关系,同时揭示了他们心理机构的性质,正如曼扎诺在"安娜·弗洛伊德模型"(1989)中所指出的。孩子的反应可以与心理测验的反应进行比较,心理测验针对的是主体在分析过程中的变化,无论变化是分析的结果还是发展的结果。一个尚未达到客体恒常性阶段的儿童,无法让分析师在他的内在世界中发挥重要作用。

关于移情中的分离焦虑,安娜·弗洛伊德除了强调移情关系外,也强调接受分析者与作为真实的人的分析师的关系,以及在移情中重现的早期分离的实际体验(Manzano,1989:8)。

勒内·斯皮茨:分离与真实客体丧失的心理病理学

勒内·斯皮茨关于分离与客体丧失的著作,主要基于他对真实客体分离情境的观察(1957,1965),并从中得出了关于儿童和成人心理发展的结论。斯皮茨的观点与安娜·弗洛伊德一样,两者都在"安娜·弗洛伊德模型"的框架中。与安娜一样,斯皮茨根据儿童的年龄,提出了自我发展与客体关系发展的各个阶段,以及对应每个阶段的特定类型的分离反应。

斯皮茨将早期婴儿发展区分为以下阶段:自恋阶段(生命的前3个月)、前客体阶段(3~6个月)和建立真实客体关系的阶段(6~9个月)。斯皮茨对"8个月的焦虑"尤其感兴趣,即当婴儿觉察到陌生人脸时对母亲的缺席所表现出的焦虑。斯皮茨还描述了在6～12个月，婴儿与母亲分离时会出现的"依附性抑郁"（anaclitic depression），长期分离可能会使这种抑郁变成"病态"（hospitalism）。

斯皮茨坚持认为，他在儿童身上观察到的、由分离引起的心理病理机制，与成人精神分析中遇到的无关，两者不能画等号。他假设说，在心理形成期间出现的障碍可能会在儿童、青少年和成人的心理结构中留下后遗症。在分析中，这些障碍是自恋式移情的来源，也是早期情感创伤的固着点。在他看来，这些过度自恋的病人无法建立移情关系，不过我们可以调整分析技术，"治疗师应该提供病人客体关系中缺乏的内容"，这么做能够促进移情的出现。然而，斯皮茨从儿童观察中得出的结论是一般性的；他几乎没有提到这些早期困扰对移情的影响，也没有解释所谓的调整精神分析的技术。他后面的这些论点，主要来源于他的精神分析口头教学，特别是从1963年到1968年在日内瓦逗留期间在瑞士开的课程。

第六章 其他主要精神分析理论中的分离焦虑和客体丧失

马勒：分离—个体化的概念

心理的诞生

马勒认为，在正常婴儿的发展过程中，分离焦虑出现在共生期结束时。这是一个相对晚的阶段，大约是孩子12～18个月大时，个体化的尝试这时候开始（1975）。她区分了生物学诞生的时刻与之后的心理诞生，并将后者称为分离个体化的过程：这一过程包括个体感受到分离和连接，发生在孩子4~5个月和30~36个月之间。如果在早期最重要的分离个体化阶段出现问题，相应的冲突就会在之后的生命中不断被重新唤起，每一个新的生命周期都会再次激活因为感知到分离而引发的焦虑，让身份感接受考验。

自然的分离—个体化过程是指孩子在母亲在场的情况下获得的自主功能，这就要求母亲在情绪上是可及的。如果条件有利，那么在成熟的过程中，孩子将要面对的威胁就会降到最低，因为成熟过程中的每个阶段都隐含着客体丧失的威胁。另外，孩子也能逐渐感受到获得真正自主功能时的满足。她所用的自主功能一词是海因茨·哈特曼提出的。

分离和个体化是相互补充但并不同一的发展：分离指的是孩子脱离与母亲的共生关系，而个体化与个人身份感的发展有关。

为了避免人们误解她的想法，马勒解释道，对于她来说，"分离"或"分开感"是指感觉上与母亲分离，进而感觉与整个世界分离，是一种内在的心理成就，而不是指与真实的客体分开。发展出分离意识需要分化、疏远、形成边界和脱离母亲。马勒进一步扩展了伊迪思·雅各布森（Edith Jacobson）对自体—客体分化过程的研究，她指出，分离感促成了清晰的内在自体表象，与客体表象相对。与母亲真实的身体分离，有助于孩子形成作为独立个体的感觉。关于"共生"一词，马勒还解释说，她用它来表示一种内在心理状态而不是行为。对她来说，共生意味着自体和母亲之间的分化尚未完成，或是指退行到自体—客体未分化的状态，即具有共生阶段特征的状态。最后，在马勒看来，身份感并不等同于"感觉到我是谁"，而是一种存在感，包含力比多对身体的贯注。

无法分离：共生性精神病

马勒通过观察精神病儿童的惊恐发作，发展出"共生性精神病"（symbiotic psychosis）的概念。这些孩子在感受到任何真实的分离，或任何对于共生幻想的威胁时，都会体验到惊恐发作。她在1952年就提出假设，在一些孩子身上，成熟是突如其来的，此时孩子的自我还没准备好与母亲分开独自运作。结果会引起前语言期的、难以表达的恐慌，孩子也无法求助于

"他人"。这种无助感阻碍了自我结构的形成，也可能严重到引发婴儿期精神病，一种心理破碎的状态。这种心理碎片化可能发生在生命第一年年底与第二年间；这可能是由某个痛苦的、无法预见的创伤引起，但通常是由微不足道的事件所诱发，例如短暂的分离或极小的丧失。

精神病儿童在发展上固着在共生阶段，因为他们无法发展出跨越该阶段的能力。因此，马勒开始探究分离—个体化的早期过程如何在正常儿童身上发生。她假设存在一个正常的共生阶段，每个孩子都会经历这个阶段。对马勒来说，客体关系是经历共生或原始婴儿自恋期后发展出来的，平行于获得分离与个体化的过程。她认为，自我与次级自恋的功能，都源自婴儿与母亲的关系，这一关系最初是自恋性的，后来是一种客体关系。成熟和发展促使孩子首先面对分化，然后面对分离—个体化过程中的分离焦虑，这一过程或多或少能取得一定的成功。婴儿发展的阶段被形容为第二次出生，即从母亲与孩子共有的"共生性融合中显现"。马勒认为，随着生理出生，心理出生也一定会到来。

经过各个亚阶段中的试炼与和解，儿童进入"客体恒常"阶段，达到这一发展过程的顶峰。马勒认为，客体恒常性大约出现在生命的第三年，比其他发展学家认为的要晚。内摄客体的恒常性具有双重含义：一方面，它意味着获得了一个被内化的、持续存在的原初客体形象，即被爱的母亲；另一方面，这是一个完整客体被内摄的标志，即一个具有好的品质、但不完美的客体。"客体恒常"的获得与"自我恒常"的获得是同时发生的。

精神分析临床工作中的分离个体化过程

这项研究主要基于直接的母婴观察（包括：对母婴实体进行参与或不参与式观察、儿童的个人电影拍摄、对儿童群体进行观察、测验、访谈父亲、家访，1975:236-238），展示了在分离个体化的不同阶段，母亲与婴儿接触的重要作用。精神病儿童无法将母亲当作是真实的外部客体，因而无法从母亲那获得支持，用于自我发展。通过与这些儿童保持接触，协助他们减少共生倾向，我们会观察到他们对于分离和关系的稳定感开始出现。这项工作还强调了母亲的特定功能不仅是促进孩子的分离，而且还要帮助他们获得个人身份。

玛格丽特·马勒的观点随后被用在精神分析实践中，在自我心理学的背景下分析成人与儿童。派因（1979）是马勒《人类婴儿的心理诞生》（*The Psychological Birth of the Human Infant*）一书的合著者之一，他注意到在临床应用中马勒的观点有两大危险，即过度使用或不恰当使用这些观点。在他的文章中，派因从分离个体化的理论中衍生出一系列的概念，并应用于儿童、青少年和成年人的临床实践。他强调说，对母亲的依恋早于自体—客体分化的意识而存在，不过这种依恋还不是真正的关系。对母亲的感知是后来才出现的，作为一种分化，它不仅仅是一种收获，还是一种痛苦的体验。对分离个体化的诠释，必须考虑到这两种形式的依恋：前者是对"未分化的他人"的依恋，属于分离—个体化的一个正式阶段；而后者则是对"已分化的他人"的依恋，会引发不同的移情病理。

马勒将共生的概念应用于心理的发展，并且将它看作是分离—个体化过程的核心阶段，伴随着分离焦虑的转化以及恢复融合的尝试。然而，她试图通过直接观察的方法描述内在心理的现象，这会在某种程度上受到限制，因为直接观察的方法不能够像精神分析那样研究幻想的内容。正如克拉默（Cramer，1985）所说，马勒对自我发展与客体关系发展的重视值得称赞。不过，如果将她的观点与精神分析的数据进行整合，那就更好了。

事实上，有一些研究已经开始处理这项任务。例如，一本关于自体与客体恒常性的著作提供了相关的文献综述，该书对各种理论和临床观点进行了比较（Lax，1986）。

海因兹·科胡特：自恋障碍的分离与修通

初看之下，科胡特的自恋型人格障碍理论似乎没有提到分离焦虑、客体丧失和哀伤的概念。然而，令人惊讶的是，当他在阐述自己对治疗的看法时，他认为分离在自恋障碍的修通工作中占据着核心位置。在他看来，与分析师真实或幻想的分离，会妨碍在移情中与"理想化的自体—客体"（idealized self-object）联合，是修通自恋障碍的关键因素。科胡特（1971）认为，客体的丧失是一种主要的威胁，会诱发镜映移情（mirror transference）中的夸大自体（grandiose self），以及理想化移情（idealizing transference）中的全能客体（omnipotent self），两者都可以在治疗中被处理。

分离与理想化移情的启动

科胡特区分了治疗自恋型人格障碍的两个阶段，特别是那些会形成理想化移情的病人：一是退行到原始自恋的初始阶段，二是对这类移情进行工作的阶段。

他认为，分析情境从一开始就会让病人退行到"自恋平衡"的古老阶段（archaic level），即他们体验到的是一种理想的完美状态，以及与分析师之间无限的自体—客体联盟。随着这种治疗性退行的发生,"接受分析者会自恋性地体验分析师,而不是将分析师当作分离且独立的个体"(1971:91)。

一旦理想化移情出现,修通的阶段也就开始了。这一精神分析过程的新阶段,是被以下事实触发的:病人在治疗情境中寻求建立并维持的基本自恋平衡,迟早会受到干扰。科胡特认为,与移情神经症的情况不同,这种初始平衡受到干扰是自恋障碍的特征,而这"在本质上是由某些外部环境引起的"(1971:90)。下文将描述这种治疗性失衡。

只要这种移情没有受到干扰,病人就会感觉到完整、胜任和安全,因为他感觉他占有并控制着分析师,分析师是包含在他的自体体验中的。然而,由于病人处于与理想化的古老自体—客体的自恋联盟中,他会对任何打断他自恋控制的事件产生敏感激烈的反应。在科胡特看来,这些反应本质上是"分析师身体或情绪的撤回所带来的创伤性影响"(1971:92),这种"撤回"和病人与分析师真实或幻想的分离有关。他提到周末和休假发生的现实分离,或是治疗时间的变动和分析师迟到所造成的干扰,即使分析师只是稍微迟到(1971:92)。他认为病人产生这类幻想中的分离,是由于他从分析师身上感受到不被理解或冷漠。这些"移情干扰"——对应着个案感到失去对分析师的控制——会引发沮丧或暴怒之类的强烈情绪反应。一些临床实例显示了科胡特如何诠释病人对分析师缺席的反应,以及真实与幻想的分离之间的关系。他将分析师的心理"撤回"等同于真正的缺席（1971:92），并认为接受分析者对分析师的责备是"有意义和合理的"，即使发生的分离实际上非常微小，或是由病人自己引起的（1971:92）。

在科胡特看来，修通过程的关键在于，发生退行之后接受分析者对理想化的分析师的失望，以及由于分析师基于共情的恰当诠释，接受分析者回到对分析师的理想化移情（1971:98）。分析师恰当使用共情的目的是确保每当接受分析者退行到古老自恋时，他都会感到被理解，这一情境也迫使他与"现实—自我"接触，并且因为体验到分析师是一个单独和独立的人而遭受挫折。科胡特建议，对分离的诠释，要基于"对接受分析者的正确共情"，而不是机械化的（1971:98）。他认为，对于这类接受分析者，鼓励其发展自恋移情是唯一可能的策略。如果成功了，这个漫长而艰苦的过程最终会让接受分析者更能忍受分析师的缺席，"在放弃理想化的自体—客体后，能转变性地内化（transmuting internalization）自恋能量"（1971:101）。

一种自成一派的精神分析心理学？

从表面看来，科胡特对修通过程的临床描述与研究自恋障碍的其他精神分析师的看法类似。然而，很快让人受挫的是，科胡特的理论阐述与其他精神分析模型极为不同，因此任何去比较的尝试都会失败。

就主题而言，我倾向于将科胡特的观点与前几章的各种精神分析概念一起讨论。例如，我想比较科胡特的术语"共情"和"修通"与温尼科特（1953）的术语"抱持"和"逐渐幻灭"。我想比较科胡特与安娜·弗洛伊德或雷内·斯皮茨各自关于"与真实客体分离"的概念。我也想比较科胡特与格林贝耶（1971）各自关于"原始自恋"与"自恋力比多"的观点。同样有趣的是，以比较科胡特和梅兰妮·克莱茵的形式，讨论理论和临床实践中"理想化的位置"、"力比多和攻击本能的作用"。科恩伯格（1975）提出自己对于自恋障碍的分析时，也曾做过这样的尝试。

然而，最终的结果是，与科胡特进行比较是不可能的，不仅因为他的理论是高度个人化的，而且因为他在使用精神分析概念时并未引用其他作者，即使这些人在他之前使用这些概念。虽然自体心理学的贡献有助于引起我们对一些重要问题的关注，但我们可能会同意瓦勒斯坦（1985）的看法，这些贡献很不幸只能以"自成一派的精神分析心理学"的形式加入当代精神分析思潮中（p.402）。科胡特会希望自己的理论是孤立的吗？

鲍尔比关于依恋和丧失的概念

尝试综合与重新评估

约翰·鲍尔比（John Bowlby）的著作是每位精神分析师在处理分离焦虑和客体丧失问题时的重要参考文献。尽管鲍尔比的结论可能会违背精神分析的观点，但他在三卷《依恋与丧失》（*Attachment and Loss*，1969，1973，1980）中记录了许多目前我们所了解的关于分离和客体丧失的问题，以及正常和病理性哀伤。

在回顾了精神分析师们为理解分离和客体丧失提出的各种假设之后，鲍尔比承认，他的兴趣由此被激发了。但他同时声称，最令人失望的是没有一个方法能够找到问题的本质。他认为弗洛伊德本人没有给出满意的答案：在他看来，弗洛伊德采用多个完全不同的理论来解释分离焦虑，直到最后（在1926年）才将分离焦虑看作是神经症焦虑问题的关键——为时已晚。鲍尔比还认为，精神分析关于这个主题的研究充满了矛盾的假设，"每个理论都产生了不同的人格功能和心理病理学模型，结果不同的心理治疗实践和预防精神医学都在使用极为不同的方法"（第2卷，1973:32）。他将精神分析的失败归因于碎片化的观点：各自的研究是孤立的，无法对依恋、分离和丧失的现象给出连贯、全面的解释。

因此,鲍尔比提出了一种不同的研究方法。这一前瞻性的方法基于对幼儿的直接观察:"根据这些数据,尝试描述人格功能的某些早期阶段,并据此推断未来的发展"(1973:26)。他在安娜·弗洛伊德和柏林翰(1943)的工作中找到了其方法的原型,后者曾在幼儿园观察与父母分离的婴儿。

鲍尔比描述了孩子与他所依恋的母亲分离时的基本反应,分为三个主要阶段:抗议(protest)、绝望(despair)和冷漠(detachment)。在他看来,这三个阶段构成了一种典型的行为顺序。他将每个阶段与精神分析理论的要点联系到一起:抗议阶段对应分离焦虑的问题,绝望对应对悲伤和哀伤,冷漠对应防御机制。鲍尔比认为,这些阶段构成一个连贯的整体,属于同一个过程。

一个生物性大于精神分析性的概念

值得赞许的是,为了克服诸多矛盾和争议,鲍尔比提出一个他认为具备所有其他理论共同特征的新理论。对他来说,依恋是一种本能的行为:孩子不是依恋喂养他的人,而是依恋与他互动最多的人。孩子是否发展出对母亲的依恋,取决于他感受到被理解的程度。出于各种意图与目的,鲍尔比的构想都避开了本能、防御、幻想等概念,也未提及婴儿期体验在成人身上的重复。

鲍尔比阐述了他对依恋的看法，接着是对分离的观点。之后，他研究了恐惧和焦虑如何产生。他的基本论点是：弗洛伊德和其他精神分析师认为恐惧症和分离焦虑是神经症冲突的结果，属于病理性的范畴。不过，在他看来，恐惧症和分离焦虑实际上是正常的本能行为，用于表达恐惧，是无论哪个年龄段，动物和人身上都存在的"自然"特性。他清楚地表示，陌生人恐惧、怕黑或害怕孤独，完全不是无意识冲突的结果，而主要是"遗传性偏见"的表达，最终会使个体形成面对外在真实危险的能力（1973:86）。因此，分离焦虑是对外部危险的纯本能反应。

鲍尔比的结论可能会使精神分析师们感到惊讶。因为他认为，孩子与母亲之间的依恋本质上是纯生物性的，由此产生的分离焦虑也是生物性的。再者，童年发生的分离和丧失的经历是外部环境中的"事件"，让发展的过程转到不利的方向，就像"火车从主干线转移到分支线"一样。在鲍尔比尝试引入控制系统和本能行为理论来重新评估精神分析理论时，他与精神分析的特定领域渐行渐远，更加靠近实验心理学。正如韦纳（1985）所指出的，鲍尔比的取向完全合理，只要"不算作是精神分析理论"（p.1600）。

第六章　其他主要精神分析理论中的分离焦虑和客体丧失

鲍尔比带来的挑战：对精神分析师的鞭策

鲍尔比意识到，他对于依恋、恐惧和人类焦虑的行为学方法，与弗洛伊德及其继承者不同。正如他自己所言，这种演化的理论，在很大程度上是一个"对精神分析理论的挑战"。

尽管从精神分析的角度来看，鲍尔比的结论是有争议的，但他的确激发了精神分析师们对这个领域的兴趣——一个他们还没有充分研究的重要领域。鲍尔比的工作在精神分析师中引起的争论，他们对此报以习惯性的谨慎态度，并清楚地阐明了各自的看法——如安娜·弗洛伊德在她与鲍尔比的论战中所做的那样。

第三部分

相 关 技 术

第七章

分离焦虑的移情诠释

"沙漠之所以美丽,"小王子说,"是因为在它的某个地方藏着一口水井……"

——安托万·德·圣·埃克苏佩里

选择什么理论作为诠释的基础?

在先前的章节,我们已经看到了分离焦虑在主流客体关系精神分析理论中的位置,如何诠释这类焦虑将是本章随后要关注的问题。这类焦虑将随着精神分析治疗的进程,在病人与分析师的关系中呈现。

如今,大多数分析师想必都能够认识到修通分离焦虑在精神分析过程中所起的作用。不过,每位分析师诠释的方式都会有所不同。影响的因素有很多,不仅包括个人的分析训练、理论上的偏好以及临床实践,还与个人经历过的分离焦虑有关,例如:分析师在自己的生活中、自己的精神分析中以及面对自己病人时的反移情中经历分离焦虑的体验。

极为多样化的精神分析理论再次成为当代精神分析师的难题,特别是那些正在受训的人,在面对继弗洛伊德之后迅速增加的众多精神分析流派与理论时,他们会感到眼花缭乱。于是便出现了以下实践性的难题:一位忠于弗洛伊德思想的精神分析师在其临床工作中该选择何种理论依据作为其诠释的基础呢?正如我们先前所见,弗洛伊德为我们留下了大量的指示,很多其他分析师也试图在精神分析的框架下做出自己的贡献——虽然常常遵循的还是自己的原始路径。在同一个机构中(国际精神分析协会,International Psychoanalytical Association,IPA)包含精神分析多样性趋势的问题,显然已经是当下我们所有人所要面对的难题。1989年在罗马举办的IPA大会以"精神分析的共同点"为主题,这绝非巧合,回应了瓦勒斯坦于1987年在蒙特利尔提出的问题:"精神分析只有一种,还是有很多种?"(1988:5)。

在我看来,尽管看待分离焦虑的方式存在差异、甚至是分歧,不过先前提及的所有不同的客体关系精神分析理论,都具有建立在弗洛伊德精神分析概念上的共同点。这一共同点包括在以下要素上达成的共识:潜意识扮演的角色、婴幼儿性欲作为心理冲突起源的重要性、认识移情现象中的强迫性重复、接受俄狄浦斯情结对于构建心理生活的核心作用。不过，我想要补充的是，作为弗洛伊德学派的分析师，仅仅接受以上理论观点是不够的，他们还需要认识到，建立精神分析的设置是同等重要的，这是分析体验能够发挥令人满意的功用、移情能够被诠释的前提。正如查塞格特·斯米格尔（Chasseguet Smirgel）所言，"正是设置上的不同，令我们失去了精神分析的共同点"（1988:1167）。我将会在随后的章节中再谈这一点。

尽管我所提到的客体关系理论都基于以上共识，它们又都在"经典"精神分析的实践领域内保持着各自的独特性，拥有各自的条理。理论的框架只有与实践者自己的观点一致时，才能提供最有效的帮助。信奉所有的理论等同于什么都不信：虽然有很多路径可以到达同一个终点，但是如果不选择其中特定的一条，你就永远到不了终点。选择一条路径，意味着放弃其他同样存在并拥有自身价值的路径。这不是说其他路径没有那么有效，它们只是不同的路径。理论之间不是互相排斥的，即便同一名分析师不能同时使用两者。

例如，基于理论偏好，一名精神分析师在临床实践中可能会选择不诠释分离焦虑，分析过程中出现分离焦虑时他会保持沉默；又或者，他会在他觉得适当的时候诠释。另一名精神分析师可能在理论与实践水平都对分离焦虑理解得很深，不过他还是决定不诠释它。因为基于他的理论偏好，他觉得这类焦虑必须在接受分析者身上以非语言的形式再次被激活，分析师必须陪伴这种退行，没有必要去诠释。这是温尼科特的追随者会选择的取向，比如说，自恋的阶段被他们看作是正常的早期发展阶段——等同于"最初的母性全神贯注"（primary maternal preoccupation）——所以他们倾向于抱持（holding）的态度，而非诠释性的。对此，帕拉西奥（1988）在研究中有着精准的描述，他认为将自恋看作是正常发展阶段的分析师，会倾向于将治疗过程中产生的自恋现象看作是正常的，比较不太强调对自恋移情中的冲突进行诠释。而对于把自恋放在攻击、破坏与嫉妒的背景下的分析师来说，这是多么让人震惊的观点。在他们看来，自恋是一系列本能与防御的结果，可以在"此时此地"的移情关系中细致地诠释，特别是分析会谈出现间隔的时候。

对于本章最初的问题——选择什么理论作为诠释的基础——我的答案是：精神分析师在运用（理论、技术与临床）模型时，带有足具创造力的自由，做出能够反映接受分析者当下体验的诠释，这是最重要的。这使得精神分析师的工作成为一项困难但令人兴奋的艺术。对这项工作而言，没什么是一劳永逸的。

诠释分离焦虑的价值

我个人坚信,当分离焦虑在精神分析性的治疗中出现时,我们作为分析师,有必要觉察到并诠释它。只有分离焦虑被诠释,接受分析者才能够将它修通。这么认为的主要原因,我随后将细说。

在我看来,诠释这类焦虑的主要目的,是为了恢复分析师与接受分析者之间的语言沟通——分离与客体丧失的焦虑常常会打断这种沟通。这是因为会谈的结尾、周末、假期等激起的焦虑反应与退行性防御,会扰乱修通的过程,并在或长或短的一段时间内打断分析师与接受分析者之间的语言沟通。弗洛伊德曾指出这一点,"即便是很短暂的中断,也会对分析工作造成不易察觉的轻微影响"。他将这种阻抗称之为"周一的硬壳"(monday crust)",紧随着周日的停休之后出现(1913c:127)。在格林森(1967)看来,对于分离的反应是最主要的阻抗来源,是治疗联盟的障碍,会影响诠释的有效性。为此,他提议重新建立"治疗联盟,以便分析病人面对分离的反应"(1967),这是首要的。我的观点是,除非我们分析这些反应,不然在某些病人身上,这些反应会在很长一段时间内干扰分析师与病人的沟通以及修通的过程。相反,当我们在移情关系中诠释这些反应时，它们通常会变得可逆转，沟通或多或少会恢复得更快，这时候接受分析者能够修复被焦虑阻断的修通过程。这就是为什么我认为诠释这类焦虑是非常有用的。不需要有计划地去诠释，只有在分析师认为有必要，或者接受分析者无法依靠自己觉察并处理分离焦虑时，才诠释它。

诠释分析间隔引发的焦虑的另一个原因是，我觉得这类焦虑常常会揭露移情中隐含的内容，提供关于接受分析者的信息，例如：客体关系状态、防御模式、人格中长期被分裂隔离的部分，以及忍受心理痛苦、焦虑与哀伤的能力。移情的很多面向都还在隐藏的状态，只有在面对焦虑的特殊时刻，它们才会迫于压力而现形。这些反应带有特定的力比多与攻击性倾向，因接受分析者、治疗的阶段、移情情境的不同而有所不同。格林森（1967）在论临床技术的书中也表达了类似的观点，即最能表现移情关系性质的反应，常常出现在周五与周一的会谈中。也可以从英国分析师的文章中看到分离反应的重要性——大多数被他们选来论证自己理论贡献的临床片段，都涉及会谈的末尾、周末或假期之前或之后的会谈。大量的文献与书籍都让这种说法不证自明，例如，在西格尔的《梅兰妮·克莱茵作品入门》（*Work of Melanie Klein*, 1964）一书中，大多数（如果不是全部的话）被她选中的临床案例，都有涉及分析会谈的间隔。

第七章 分离焦虑的移情诠释

最后，对于另一些精神分析师而言，诠释分离焦虑显得尤为重要。这些分析师认为，精神分析的历程，是在移情关系中修通分离与客体丧失的焦虑，以及这种焦虑的变换形式。从这个角度看，诠释分离焦虑之所以有价值，不仅是因为它重建了分析师与病人之间被干扰的沟通、突显了移情的某些方面，而且还因为它有助于（在移情中）修通客体关系的整个过程。这个过程开始于依赖、自我—客体未分化（自恋）的状态，接着朝向更大程度的自主、自我—客体（内在与外在客体）更大程度的分化前进。在所有这些原因当中，我个人认为诠释分离焦虑最核心的作用在于展开精神分析的历程，正如我在1988年日内瓦大会的报告所提到的（1989a）。

就个人而言，我在很大程度上受到梅兰妮·克莱茵以及克莱茵学派的影响，无论是将移情放在整体情境（total situation）来看的观点——如贝蒂·约瑟夫（Joseph, 1985）的技术，还是精神分析历程的概念，修通分离焦虑被认为在精神分析历程中扮演着重要的角色。我的移情诠释常常会与这一背景——特别是与分离与客体丧失焦虑——的诠释有关。

不同的接受分析者,以及他们不同的内心世界

在继续讨论之前,我希望先举例说明这类焦虑极为多样化的表现形式。我将不做评论,只描述精神分析师常常会遇到的长假之后病人的各种反应。在同一个长假之后,每位接受分析者的反应都不一样。他们都活在一个属于自己的内心世界当中,彼此之间的内心世界是截然不同的。

那个周末,阿丽西亚再次被孤独引发的痛苦与焦虑打败:

我尝试为自己找到活下去的理由,却怎么也想不出自己能信服的,我无法独自活着。通常在这种时候,去面对自己的思考与感受对我来说太难了,因为那些想法就像一个大旋涡,会将我卷进去。我处在情绪的沙漠中。当我这么想的时候,我感觉自己的灵魂正在被拷问;我觉得自己只能产生坏的想法和感觉,所有这一切让我想毁了自己。我告诉自己,对我而言活在这个世界上没有任何意义,我的存在就只能带来破坏。就像那个旋涡:当它出现的时候,毫无生机可言……此前,还曾有过希望,能够有一线生机。不过,希望都过去了,有的只是腥风血雨。当我面对这些问题时,我不能期待从你那里获得一些什么,或问你点什么。我必须对我没法获得的感到满意。

爱丽丝的语调却极为不同。在这次假期的前夕,她表现得非常平静,虽然她也告诉我自己感到非常妒忌。她似乎要与我的家人与朋友分享和我之间的亲密感。不过,她觉得她是目前为止我"唯一"关心的接受分析者。接着,她联想到梦中出现的一位女性朋友,梦中这位朋友在爱丽丝离开分析室的那一刻进来见我。紧接着爱丽丝感受到强烈的妒忌和被排除在外之感,紧接着出现"她的朋友也在接受我的分析"这个想法。爱丽丝同时也会觉得,她可以带着与这位朋友一样的积极态度(在她想象中)进入会谈,通过接受一周4次的分析,好好利用我提供的亲密感。

汤姆接受我的分析已经有好几年了。在一次周末假期后,他告诉我自己与他的另一半吵架了,接着又和解了。吵架的时候,他对她非常生气,接着他马上意识到,他"无意识地"将他对我的愤怒"转移到"她身上了。为此,他对自己感到非常恼怒。不过,他已经与女朋友和好了。

埃斯特的分析才刚刚开始,这个即将到来的假期对她影响很大,让她在接下来的几周都感到很疲惫:"我觉得越来越累了,不过我不知道为什么会这样。我有时候就会这样,会忽然感到筋疲力尽。"不过,她并没有意识到这与即将到来的分离有关:"我希望下周一切都会变好,我受够这种状态了。我只要允许自己发发脾气,就可以宣泄一下情绪,不过我却连这都做不到。"在假期前的最后一次会谈中,她还是处于暴怒的状态。不过,一段记忆在暴怒中浮现。埃斯特告诉我,在她还是小婴儿的时候,就已经是这副样子了:任何不顺心,都会让她大吼大叫,直到她获得自己想要的为止。还是婴儿的她,常常在夜里哭闹,直到父母把她抱到他们的床上。"今天我对你很生气,因为我没能从你那里获得任何的好处,这是很合理的,不是吗?"她一边说着,一边夺门而去。

我可以继续描述每一位接受分析者如何以他或她特有的方式体验休假,不过我打算停在这里。不管怎样,我们已经可以看到,他们的反应是多么的不同,每个人都像是活在一个不同于他人的世界中。这说明考虑到每位接受分析者特定的人格特征对我们而言非常重要,诠释也需要与特定的移情相对应,移情需要放在整体情境中考虑。

移情:整体情境

梅兰妮·克莱茵的贡献帮助我们更多地了解移情与移情过程的性质。当弗洛伊德首次发现移情时,它被认为是一种障碍,接着它又被看作是精神分析必不可少的工具;在很长的一段时间内,移情被认为是直接、明确地指向分析师的。再后来,大家才认识到,接受分析者呈现内容的整体性都会与移情情境激起的焦虑有关——不仅仅是联想、与分析师有关的梦,还包括接受分析者报告的一切(比如他日常生活的内容,他周围的其他人)。这就是梅兰妮·克莱茵将移情描述为一种整体情境的原因:"从我的经验来看,要想更细致地弄清楚移情,就得从整体情境的角度思考,从过去转移到当下的,不仅仅是情绪、防御与客体关系,而是整体情境"(1952:437)。也就是说,基于克莱茵发现的早期客体关系与心智功能,移情似乎不仅仅是过去的原始客体与分析师之间的置换,还可以进一步说是内在客体与分析师在投射与内摄机制的作用下处于一种持续的交换中。所有这些都将移情看作是持续地来回流动的体验,常常是非语言的,我们有时候需要通过自己的反移情来识别它,即通过分析师身上被移情激起的感受。

在精神分析的历程中,我们常常会看到会谈的结尾、周末、假期如何扰乱分析师与接受分析者的沟通,这些变动是移情最根本的要素。因此,如果移情与诠释的关系被看作是一种沟通,出现在不断进行的置换与发展的状态中,那么我们的诠释必须是对这个过程生动的反映。出于这个目的,"没有诠释可以被看成是纯粹的诠释";正如约瑟夫所说,我们的诠释必须被彻底地理解,与接受分析者的内在产生"共鸣"(1985:447)。所以,诠释的构建也得依照接受分析者在那个特定的时刻被触动的内容,反映语言、幻想,以及现阶段的整体状况。

在这种变动中,无论是对接受分析者还是对分析师而言,保持沟通频道敞开是非常不容易的;工作是否可以持续进行,不仅需要仰赖接受分析者沟通的能力与模式——这因人而异——也取决于在某个特定时刻,接受分析者是否有在精神分析的历程中真实地处在当下的会谈中。

当一位接受分析者接近抑郁位置时,他更容易与自己或与他人接触,也更能够用语言沟通他对分析师的体验。他会把分析师当作一个完整的人来看。下面的案例是一位女性接受分析者,她在周末体验到强烈的焦虑,这种焦虑激活了她非常早期的分离体验。虽然如此,她却可以用语言表达她对我非常强烈的移情情绪,接受我的诠释,并修通这些情绪:

每次让我感到受伤的,是你在周末以及假期的缺席:我怕过度表露自己的情感,怕向你展示我对你强烈的依恋或愤怒……当我和一个人待在一起并看着他时,我会想到他马上就会消失。于是我会退缩,回到自己的内心,不再给自己任何机会,拒绝建立关系。我告诉自己,没什么是能留到最后的,我为关系破裂做好了准备……如果关系没有走到这一步,我会让它走到这一步。在我小时候,妈妈离开了一段时间,当她回来的时候,我已经认不出她了。从那时起,妈妈变成了我生命中的陌生人，我告诉自己是我让她离开的，这全是我的错……每次你离开我，我也都会这样想。

在这种情况下，移情体验中的焦虑与心理痛苦被涵容，通过语言将这些与分析师沟通，分析师的诠释也可以被她收到，以一种提高领悟的形式被她接受。

相反，当分离焦虑无法很好地被忍受时，接受分析者会诉诸原始的防御机制，如否认、分裂与投射性认同，这通常会导致接受分析者无法与分析师进行语言沟通，取而代之的是更退行的沟通模式。这样的接受分析者常常会用"行动化"代替与分析师的语言沟通。在这种情况下，如果我们将移情放在整体情境中考虑，我们就可以识别出潜在的、分散的元素，并通过诠释将它们聚合起来，这些元素似乎离通过语言表达的移情很远。下面是一个例子，这位接受分析者总是很难感受到自己的情绪，也无法用语言表达情绪，特别是与我们的关系有关的部分。在一次短暂的假期之后，这位接受分析者变得非常沉默，会谈安静得像冻住了一样，他也无法靠自己打破这种沉默。最终，沉默了几天之后，他以小到几乎听不见的声音，对我说了一句"这里好冷"，同时给自己盖上了毯子。在我听来，这是如此的具体、真实，以至于我开始好奇暖气是不是在我没注意的时候停了。我的第一反应是去检查温度表，看看温度有没有下降。当我正要那么做时,我忽然意识到这是一个反移情的反应。我几乎要用行动去回应他语言中包含的行动化,实际上他在用一种间接的方式指责我——在假期期间把他一个人丢在外面受冻。通过这种方式,他用行动而不是语言告诉我,他感到自己被抛弃了、被一个人留下,他被我留在一种无法将身体的寒冷与分离的体验联系起来的状态中。他无法将我的缺席和出现放在我们的关系中来体验,没有把我体验成一个完整的人,而只是体验成"寒冷"与"温暖"的部分感觉。在分析的这个阶段,只有通过诠释他以破碎的、部分的感官来体验我与他的分离,才能够帮助他恢复生命力,让关系升温,重新建立我们之间语言与象征层面的沟通。

一个特别适合移情诠释的时刻

分析会谈的不连续性所导致的焦虑,为我提供了一个特别的时机,适合诠释移情中关于那时那刻的一些重要方面,因为这是会谈中移情以最明显的形式出现的时候。分析中反复的分离,让更多与分离及客体丧失体验有关的情感、焦虑、阻抗、防御可以显现出来。自然地,我们会想知道为什么这些时刻会出现这么多的心理现象。

对此,我们可以在弗洛伊德与克莱茵那里找到答案。正如

第七章 分离焦虑的移情诠释

我们已经知道的,根据弗洛伊德(1926d)的第二种焦虑理论,对分离与客体丧失的恐惧是焦虑的最终来源,不管处于哪一种力比多水平,治疗性会面的不连续性都会持续地激起这种恐惧。克莱茵并没有特别指出分离对于焦虑的起源而言有着如此特别的位置,她追溯了一切可以导致焦虑的内在与外在的因素。根据弗洛伊德的观点,自我无论是受到了它无法控制的过度刺激的威胁,还是受到了克莱茵所认为的死本能的直接威胁,他都坚持以下的看法:自我通过制造焦虑与防御来抵抗内在与外在的危险,从而保护自己。这就解释了为什么分析会谈的不连续性所带来的反复的分离与丧失体验,会制造大量的移情现象。

通过强调面对间隔的反应,我不是指它们代表了移情的一切,而只是认为它们会让接受分析者体验到极其强烈的移情体验。这会让接受分析者更直接地与移情体验连接。

要诠释这些移情现象,重要的是要能够识别出接受分析者此刻正在体验什么,包括弄清楚一些特定的因素,如单次会谈与整个治疗中这一时刻他的心情、他与分析师关系的状态。接受分析者感到难过时与感到高兴时的反应会不一样,感到愤怒时与感到焦虑时的反应也会不一样。分离体验有关地形说的(topographic)、动力的(dynamic)以及能量的(economic)方面也都需要被考虑。每次,我们都需要问自己,焦虑被体验的形式是靠近潜意识的还是远离潜意识的。如果是后者，那就要问，焦虑是被压抑了还是被否认了（地形说的视角）？焦虑的强度怎么样（能量的视角）？在哪一个本能水平？"此时此地"最主要冲突的性质？焦虑是在口欲、肛欲，还是生殖器水平（动力的视角）？根据焦虑的急迫程度，分析师可以揭露移情与治疗中此刻呈现的内容之间的关联，内容包括：特定的情感、力比多与攻击性冲动，梦与联想中呈现的特定防御，见诸行动的例子，以及特定的心身症状。分析师也可以注意一下接受分析者避免心理痛苦与焦虑的方式，以及阻抗与敌对的反应，它们的程度过高会导致负性治疗反应。我们随后会看到这部分。值得注意的是，经验证实，接受分析者会运用大量潜意识的策略来避免感知到与客体的分离，试图与客体融合，这些表现不仅仅是退行性的，常常还会是自我原创的，这些都需要相应地被诠释（Ellonen-Jéquier，1986）。

我们要重视建立移情与接受分析者过去之间的连接，让他获得一种连续感并摆脱强迫性重复，让当下不再承载过去的重量。如何以及何时诠释过去与现在的关系才能有效地重新整合，这是另一个精细的任务。这就要求我们再次回到婴儿期的心理创伤这个议题，因为如果分析师为了将过去与现在相连接，打断了会谈的连续性，那么他提供的就只能是一个解释，而非真的将一些内容意识化。有时候更好的做法是先等待，在通过诠释建立这种连接之前,先确定接受分析者有能力足够靠近自己与所处的情境。

我们已经讨论了:诠释的目的在于生动地反映移情,反映地形说的、能量的、动力的、与过去和现在的关系相关的因素。除了这些基本要求,理解主要的精神分析客体关系理论会让我们将诠释做得更精准。因为这些理论为分离与客体丧失的焦虑赋予了心理发展过程中的重要位置。

正如我们在先前的章节看到的,过去几十年的精神分析探索,非常关注在正常以及病理性心智发展过程中的分离与客体丧失焦虑及其变换形式,这在临床上影响了对移情的分析。不管分析师个人偏好的理论框架是基于分离—个体化、投射性认同的概念,还是任何我先前提到的其他主流精神分析的模型,都有足够多的文献让当代的精神分析师认识到分离与客体丧失焦虑的重要性。在精神分析的历程中,他们需要通过移情诠释帮助接受分析者修通这类焦虑。

投射性认同的角色

如果考虑到克莱茵发现的早期客体关系与心智功能,以及随后由投射性认同所带来的发展,那么分离与客体丧失的现象可以被看作是移情中持续的投射与内摄所发生的互换。接受分析者与分析师的互换实际上是一张网,是一个持续的变动与转化过程,也包括作为精神分析历程基本工具的反移情,即分析师身上被激起的情绪。

弗洛伊德最先描述自我对客体丧失的反应(认同丧失客体,分裂自我,否认现实),接着是对分离的反应(制造焦虑与防御)。之后,克莱茵基于自己修通丧亲经历的过程,以及对躁狂-抑郁状态的研究,阐明了分离、客体丧失、正常哀伤、病理性哀伤与发展性哀伤所涉及的焦虑与内心冲突的性质。我们可以将她的观点应用到精神分析历程中对移情的分析上。克莱茵决定性的贡献包括:客体关系概念,起源于弗洛伊德的《抑郁与哀伤》(1917e);偏执—分裂位置中分裂自我、投射性认同的概念;从分裂情感、避免矛盾情感,到抑郁位置中爱与恨的整合;关于嫉妒在心理生活中的角色。

基于上述发展,我们可以理解,不仅自我可以通过分裂来否认丧失这一现实(正如弗洛伊德提到的),而且在移情与反移情持续的互换过程中,丧失的体验也可以被分裂、投射或内摄:部分的自我通过这种方式被分裂出去,然后被放置在外在客体中(见诸行动),或者被放置在被当作外在客体的主体身上——这种情况会导致躯体症状或意外(1984),或者被投射到分析师身上,分析师通过反移情体验到它们,有时甚至会屈服于这些投射——投射性反认同(1964)。移情作为一种整体情境的概念帮助我们识别出分散的部分,通过诠释将它们聚合起来,让自我与客体关系达到更高程度的整合。

当接受分析者无法充分涵容过多的焦虑时,太多的投射让接受分析者不再能够体验到分离:语言的沟通因为过度使用投射性认同而被暂时地打断。这时,最重要的是"将接受分析者带回到会谈中"(Resnik,1967),重新建立语言沟通,然后再诠释分离。下面是一个案例。

临床案例:重建被分离焦虑阻断的"思路"

现在,我要用一个临床案例来说明接受分析者极具创造性的修通过程如何忽然被分离无意识地打断,以及我如何对他诠释这一过程。一旦语言沟通被修复,我们便可以重新建立暂时被打破的"思路"。

这位接受分析者通常都能意识到他的移情性感受,并能直接、细致地表达。不过,在事先安排好的分析假期到来前的一个星期,他忽然体验到极为强烈的焦虑,在会谈刚开始不久,他就表现出不愿意离开。他完全丧失了关于分析工作如何进行的思路,表示他现在感到很困惑,有些断片,无法将想法集中在一起,也不知道为什么会这样。不过,他在会谈中又再次出现了联想,提到他在这次会谈前遇到的各种人:有一个人"坚持活着,虽然他有自杀的念头";另一个人"好难闻,他应该被丢出去";第三个人"只是无法做自己,变得支离破碎";最后一个"就像是无脊动物,失去了自己的形状"。考虑到会谈以及他的联想的内容,我认为接受分析者的反应可能与即将来临的假期有关,这种充满焦虑的移情体验引起了退行,取代了原本更整合的修通过程。随着对分离的焦虑变强,接受分析者开始诉诸投射性认同的机制:在这次会谈中,他实际上已经缺席了,无法表达他在与我的关系中体验到什么,就像他的身份感被剥夺了一样。移情的体验被分裂成许多不同的片段,散落在会谈之外,投射给他所遇到的人。他在联想中提到的那些人的话,表达的是我们之间移情关系的碎片。我要如何将接受分析者带回到会谈中,让他的自我能够从移情体验中复原?

就这个例子而言,单一的诠释足够将这位接受分析者带回到当下的移情情境中:我对他说,在过去的许多天,他都能全心全意地投入分析,现在我感觉他忽然不在了,好像他把自己带走了,不过我感觉好像听到他在与我说话,他提到的周围的人对他说的话好像是他在对我说的。是什么重要原因让他以这种方式将自己带走,不告诉我他今天在想些什么?他收拾了一下心情,告诉我,他早上过来的时候曾经想象当他推门进来的时候里面却没有人,这让他想起我的假期,接着他就把这个想法忘了。他接着告诉我,这一刻他感到只有他自己,我假期的时间点并不适合他。自杀的念头在他脑海中闪过，他也想象我是非常具有攻击性的，最终会把他当成臭虫一样丢出去。他接着说，如果他能告诉我这些，他或许就可以恢复他的"形状"。通过几句话说清楚这些移情体验（与我即将的缺席有关）后，他恢复了分析工作的思路——前一次会谈结束的时候曾经被打断的思路。

第一个诠释强调了分裂的机制，以及将移情关系的内容投射到外在客体身上。在这个诠释之后，我觉得接受分析者立刻就回来了——真实地回到当下他与我的关系中。第二个诠释是关于过度的焦虑，接受分析者自己能够意识到，他对我即将不在的焦虑与投射性认同机制之间的联系。在我看来，这个例子的关键点在于先诠释防御机制，以便反转投射性认同，之后再诠释焦虑的内容。一旦接受分析者恢复了他在会谈中的位置，能够修通当下引发焦虑的内容，他就回到了更高的整合水平，这是他在受到分离焦虑的干扰之前已经获得的。他因此建立起修通与沟通的思路。

这个案例也证实了：如果分离焦虑没有过度，它就可以被涵容，被接受分析者修通。但是，一旦分离焦虑过于强烈，各种防御机制便会被调动起来，用来避免心理的痛苦。这位接受分析者对投射性认同的使用，有力地证实了：自我的丧失通常与客体的丧失有关。因此，诠释的首要目的是帮助接受分析者恢复自我，寻回失去的自我部分，恢复身份感（Grinberg，1964），这会让他重新获得对分离的真实感觉。这也是重新建立（暂时被打断的）修通过程的思路的一个条件。

关于心理防御的渊博知识，不仅有助于我们在恰当的层面、正确的时刻做诠释，而且还能指出在何处诠释是无效的，并将我们带到更能击中要害的地方。上述例子中，诠释成功地反转了投射性认同，但现实并不总是这样的。当大量的投射性认同被用来避免分离焦虑，特别是在分析刚开始的时候（Meltzer，1967），失去自体的焦虑是如此的吓人，以至于主体处在将自己与客体捆绑在一起的幻觉中。这时候，只要投射性认同没有被反转，任何诠释都将是无效的。所以，正如埃切戈扬（1986）所说，没有经验的初学者在分析中可能会冒险做出太过乐观的诠释：如果你告诉接受分析者，他大量使用投射性认同是因为他在周末想念分析师，很可能他并听不懂。因为这类诠释隐含的条件是，接受分析者能够区分主体与客体——一位专门做了点什么来确保他不会想念分析师的接受分析者，又如何会想念分析师呢？

以上所描述的一切都发生在不同的层面，并用不同的衡量标准，包括精神分析历程的整体过程以及会谈的缩影。现在，我们要来看一看后者。

会谈的缩影

许多当代的精神分析师，尤其是后克莱茵学派，会把重点放在实际会谈中移情波动的细节上，旨在贴近接受分析者的情感变换，与其心智功能尽可能保持紧密的接触。为此，光有正确的、与接受分析者的个人联想相对应的诠释是不够的，时刻关注作为分析师如何无意识地被接受分析者使用是极为重要的。通过分析会谈中此时此地的反应，同时考虑到接受分析者如何回应我们的诠释，我们便能更好地接近最早期的情感以及客体关系。

从这个角度来看，我们必须识别并诠释会谈中一切用于抵制分化的防御，让它们得以修通，这样接受分析者就可以面对分离。例如，在移情与反移情不断的波动中，我们可以看到接受分析者如何通过应用投射性认同来使用我们，由此避免感知到自我—客体的分化，并否认分离。在接受分析者成功将自己隔离（detach）之时，我们会注意到他与我们沟通模式的变化。比如，为何更好的沟通会导致痛苦的孤独感，为何这样的体验预示着重新获得身份感、建立分化程度更高的关系。如果无法在此时此地会谈出现波动时，将分化的工作细致地完成，那么分离将变得很困难，甚至是灾难性的。艾司可里奈特霍许

（Eskelinen-de Folch，1983）描述了会谈中辛苦的工作如何成功地反转一位女性接受分析者的无意识倾向，即她倾向于分裂丧失与孤独感，并通过与分析师共谋向他投射这部分：在会谈中细致地分析这些现象，会带来更高程度的忍受分离的能力，重建"我"与"你"的沟通形式，双方都已经准备好接受互相之间的不同。最初被接受分析者防御性地用"我们"这个词来否认她与分析师的分离，后来则变成一种合作性的联盟。

一些分析师也着重强调了，我们要识别会谈的开始或结尾对会谈本身的内容以及移情反移情的影响（Wender et al.，1966）。在这些作者看来，每次会谈都会有一个"提前阶段"（pre-beginning），这时候接受分析者的无意识幻想会占据整个会谈；以及一个"结束后阶段"（post-final），这时候其他幻想会被激起，这些幻想在会谈中保持隐蔽状态，只有在分析师说"时间到了"这一刻，它们才会浮出水面。埃切戈扬（1986）认为，分析师专注于会谈这一小时之前与之后的接触与分离时刻，相较于周末与假期而言是更有效的，因为后者让接受分析者的情绪卷入更高，以至于他们无法完全接受并修通相应的诠释。

从长远来看：精神分析历程的概念

在诠释的时候，我们除了要考虑会谈当下正在发生的事，还需要将分离与客体丧失的焦虑的发展放在更长远的角度来看，即整个精神分析的历程。正如我们先前所看到的，站在这个角度，精神分析的历程总体上可以被看作是转化与修通这类焦虑的过程。现在我要介绍一些其他的假设，我觉得它们有助于理解分离与客体丧失的焦虑如何随着移情的展开而变化，进而识别与诠释它们。

埃切戈扬（1986）将分析师的注意力转到另一项任务上，即他们需要认识到自己在多大程度上卷入移情的依赖中：在他看来，将接受分析者与分析师分开同样也会引起分析师的焦虑（除非分析师否认或转移这种焦虑）——我们只需要想一想某次接受分析者的缺席在多大程度上会扰乱我们当天的工作，当然这也会与当下的情境有关。就技术而言，埃切戈扬将梅尔策（Meltzer）关于精神分析历程的概念放在更广的背景中，引入毕克（Bick）与梅尔策关于黏附性认同与维度（dimensionality）的概念。在埃切戈扬看来，修通这类焦虑对精神分析的历程有着根本影响，因为它是移情能够正常运作的必要条件，必须被诠释。他还认为，当分离焦虑出现在会谈之间、每周之间、假期以及分析结束阶段时，分析师有着涵容与诠释分离焦虑的双重任务。分析师的涵容功能在他看来是至关重要的，感觉上类似于温尼科特说的抱持（holding）功能，以及比昂提出的容器—被涵容者的关系水平。埃切戈扬还指出，这类焦虑会在治疗中激起很强的阻抗与反阻抗，接受分析者倾向于轻视或否认分离焦虑，并且忽略或拒绝分析师对移情中分离焦虑的诠释。曼扎诺（1989）研究了儿童身上的分离与客体丧失焦虑，提出了对诠释成人与儿童的移情现象都很有用的假设：他假定存在一种"双重移情"，反映了与分析师的关系中否认与分裂自我这些与客体丧失有关的特定防御。他认为，否认与分裂可以在早期的"自恋"移情与传统的"神经症"移情中被揭露。"自恋"移情包括自恋防御的发展，表现为分离与客体丧失的变化形式。这两种移情会以多种可能的比例混合在一起。曼扎诺还强调了躁狂防御在这类移情中所起的重要作用。在他看来，儿童在分析关系中会立刻把分析师看作是理想化的客体，分析师的存在引发了最早的分离焦虑。因此，最早使用的防御便是内摄理想化的客体并与之认同（与内在客体投射性认同），形成一个躁狂防御系统。这一早期的躁狂防御，比克莱茵的概念还要早，专门为了让丧失的理想化客体"结晶"（crystallize），构成最显著的"反—哀伤"（anti-mourning）状态。在精神分析的历程中，逐渐攻下"躁狂防御的堡垒"，会让自我朝向更整合的方

第七章 分离焦虑的移情诠释

向发展、变得更有力量，同时也会促进减弱分裂的程度、恢复被否认的内容。这将引发哀伤与修通的过程，移情的两个方面也因此得到整合。

现在，我要把注意力转向一个更深的观点，它在我看来是必需的，在整个精神分析的历程中必须要诠释它。我坚信，对分离焦虑的诠释不能在二元关系的水平上，即关系只包含两个人，将第三者排除在外。诠释不能回避三角或俄狄浦斯的关系水平，即包含第三者的关系。温尼科特与巴林特曾明确提出关于二元关系与三角关系对立的假设，即占主导的自恋移情隐含着二人之间的关系，必须在这个背景下被诠释，只有达到俄狄浦斯水平后，分析师才能以代表第三方的身份被引入。在我看来，分析师诠释分离焦虑时最基本的一点是，他总是需要站在一个能作为第三方的位置。因为只有这样，他才能去诠释无法承认存在第三方的困难，这不是简单的忽视导致的，而是主动的、攻击性的否认的结果。当然，三角关系并不意味着只用生殖器、俄狄浦斯的术语去诠释：由于力比多水平的不同，三人关系也会处于不同的水平，许多分析师现在会强调早期的三角关系。

我在本章中的目的不是为了勾勒出接受分析者面对分离与客体丧失时的各种反应，也不是要罗列无穷无尽的诠释方式。我的主要目的是提出一些参考点，用于觉察这类焦虑，并且就会谈本身以及精神分析历程的展开来诠释它。同时，我们要承认，每个接受分析者实际上都有一个属于他自己的内心世界。因此，理论本身并不能解释一位接受分析者日复一日、年复一年的个人体验。为了不让诠释太过笼统，我们必须关注接受分析者在移情中体验到什么，以及我们自己在反移情中的体验，只有这样诠释，才能活生生地反映接受分析者这个独一无二的人。我所提到的各种参考点会出现在所有精神分析治疗中，帮助我们理解移情如何发展，从依赖的自恋状态占主导，到更多的自治、自我与客体更大程度的分化感，允许俄狄浦斯情境被修通以及处理与分析师的最终分离。我提出的这些不同的观点是基于我自己的文献，其他精神分析师可能会用其他术语对此进行概念化。我希望能够向大家展示，修通这类焦虑完全属于可被分析的领域，因为这类焦虑包含的客体关系幻想不仅仅只涉及自我与外在现实的关系，还涉及外在现实与心理现实之间的关系，两者是不可分割的。

丧失真实客体，在移情中修通哀伤

在本章的总结部分，我想要讨论精神分析的历程对于修通哀伤的作用，特别是针对那些因为真实生活中爱人的丧失而体验到意识与无意识痛苦的人。爱人过世对于内心世界的影响，常常会是诱发人们寻找分析或治疗的原因。许多分析师研究过这类人的精神分析历程，他们在进入分析之前或在接受分析的过程中经历过真实的丧失。

让我们简要地回顾一下，任何外在客体的丧失都会引起哀伤。因个体的差异，哀伤可以是正常的，也可以是病理性的。正如先前提到的，弗洛伊德认为，正常的哀伤与丧失的现实有关，发生在"现实检验的影响下，要求丧亲者能够明确地将自己与客体分开，因为客体已经不再存在"（1926d:172）。至于病理性的哀伤，弗洛伊德将它描述为抑郁症的内心产物：内摄丧失的客体，并带着矛盾的情感与之认同（1915），分裂自我并通过一种类似恋物癖的机制（1927e）否认丧失的事实。至此之后，很多精神分析的创新都致力于研究真实丧失的后果，丧失可能会伴随着抑郁或躁狂的状态：过度的悲伤或否认悲伤，内疚与矛盾情绪（意识层面理想化丧失客体，无意识层面憎恨那个人，并以自我惩罚的形式将恨转回自我身上），否认死亡，认同丧失的人。关于这个主题，海拉尔（1985）的《抑郁与创造力》（*Depression and Creativity*）提供了批判性的精神分析文献综述，不过海拉尔主要涉及成人，关于儿童的内容可以参照曼扎诺（1989）。与大多其他作者一样，曼扎诺认为，正常的哀伤过程不会发生在儿童与早期的青少年身上。相反，他们会出现防御，目的是否认死亡并维持依恋关系。被抛弃的议题在青春期最为强烈，处理外在与内在世界的丧失所遇到的困难，是青少年企图自杀的重要原因 (Ladame, 1987)。

在分析情境中，与内在和外在客体的关系，会在移情中重现，即活现在接受分析者与分析师的互动中，该互动基于持续的投射与内摄。分析性的相遇，因为与分析师的真实分离而遭受规律性的打断，这会反复地激活客体丧失的幻想。在这个过程中，与哀伤过程有关的因素可以被充分地诠释。接受分析者可借由与之平行的移情关系体验到与真实丧失有关的哀伤，并找到解决的方法，随后我们将在结束分析的过程中看到这部分。

梅兰妮·克莱茵认为，因真实他人的丧失而激起的哀伤反应，与面对早期丧失的反应类似，婴儿以及儿童在发展过程中都会体验到这类早期丧失。婴儿发展的不同阶段可以被看作是反复的丧失与分离的产物，丧失与分离都会重新激活抑郁位置。处在焦虑状态中的婴儿与孩童，会觉得不仅失去了外在世界中的母亲，而且其好的内在客体也已经被破坏了。在这一点上，克莱茵认为，抑郁的焦虑属于正常的发展，是整合过程的必然结果。随后出现的一切丧失情境都会在一定程度上重新激起抑郁的焦虑。比如，在真实丧失的事件中，心里的痛苦与焦虑导致了退行以及原始的防御。用来处理真实哀伤的防御，与发展过程中面对哀伤时所用的防御是一致的。

这就意味着，克莱茵学派的理论与经典的有所不同。正如西格尔提到的，在弗洛伊德与亚伯拉罕的经典理论中，抑郁包含了与内在客体的矛盾关系，以及一种退行（退到口欲期），而正常哀伤只涉及外在客体的丧失。在克莱茵学派的理论中，指向内在客体的矛盾情感以及相关的抑郁焦虑属于一个正常的发展阶段，会在正常的哀伤中被重新激活：

  经典弗洛伊德派的分析师通常主张，真实哀伤的时刻通常是病人分析中没有收获的时期；相反，克莱茵学派的分析师却发现，分析哀伤的情境，并追溯早期根源，常常会在很大程度上帮助病人修通哀伤，并在更深入的体验之下走出这个阶段(Segal 1967:179)。

第 八 章

心理痛苦及负性移情

人一旦被驯养,就会想哭。

——安托万·德·圣·埃克苏佩里

对所爱客体的移情性的恨

"我来找你,是希望你帮我摆脱痛苦,而不是让我受苦。"一个接受分析者如此说着,抗议我对他的分离焦虑切中核心的移情诠释。他无法再否认他的痛苦,而是变得能够涵容并表达痛苦。

这位接受分析者所说的话非常直白地表达了,意识到移情关系中的痛苦是多么艰巨的任务;这种痛苦会再次诱发接受分析者对分析师的敌意,强化负性移情。因此,我们可以理解,为何接受分析者会抗拒意识到分离焦虑,分析师也会犹豫是否要诠释分离——或者，甚至是抗拒去做诠释。

我们现在触及精神分析历程的一个核心议题：主体从自恋中显现且觉察到客体。自弗洛伊德之后的分析师们都同意，只有当客体缺席，主体才会发现客体的存在；这个发现令人沮丧，因为主体意识到他自己不是客体——（他渴望的）客体独立于他的意志而存在；不过，发现的过程同时也是建构的过程，因为当接受分析者体验到客体的局限性时，正是他开始意识到自身作为一个主体的身份之时。

缺席的痛苦体验以及它的积极面构成了个体精神发展的基本成分，不同作者以不同的术语对此进行了概念化。对弗洛伊德来说，当令人满足的客体缺席时，"愿望"以幻觉（hallucinatory）满足的形式出现，这一原初体验让自我逐渐能够区分幻觉和知觉、幻想和现实（1895:326；1900a）。在《否认》（Negation）一文中，弗洛伊德（1925h）重提早期满足对于个体寻求客体的重要性。他认为，建立现实检验原则的前提条件是，个体"重新找回"丧失的客体，此客体曾提供过真实的满足。这种重要客体缺席的体验，对于主体建立象征和语言交流至关重要。如吉伯特（1989）所指出的，字词取代了缺席的客体。分析师们从不同角度论述了缺席体验。比昂（1963）认为，主体体验到的乳房缺席与忍受挫折能力的发展，会促成他思考自己思想的能力。格林（1975年）认为，缺席介于沉默和入侵之间，是一种"潜在在场"（potential presence）。最后，拉普朗虚（1987）认为，因为客体难以捉摸的特质而形成的"空白空间（empty space）"，是精神分析治疗的"发动机"。

梅兰妮·克莱茵所描述的矛盾的冲突以及其解决之道，毫无疑问是举足轻重的贡献，因为它可以应用在移情诠释的技术上。她描述了矛盾的冲突在哀伤过程中的动力，以及该冲突与焦虑的关系。在这点上，克莱茵走得比弗洛伊德和亚伯拉罕更远。她为分析师诠释移情关系中的积极与消极面向奠定了基础，这种诠释让接受分析者能够整合对分析师的爱与恨，将分析师体验为一个完整客体。

我已经细致地讨论过克莱茵的概念，在此仅简单地回顾一点，即她认为，面对分离时的丧失体验再次激活了个体的施虐欲望，也加剧了矛盾的冲突。因为个体的恨被放大了，并投射给丧失的爱人（在移情中则是分析师）。当分离引起过多的精神痛苦和焦虑时，痛苦的强度会促使个体退行，回到以偏执分裂位置为特征的原始防御机制，于是恨比爱更强烈。个体为了防御，会将内在客体分裂为一个理想化客体和一个迫害性客体。因为死亡本能被投射到外面，所以自我受到的被毁灭的威胁，感觉是来自外部的——一个外在的部分坏客体。同时，理想化的部分客体则被内摄了，由此避免受到外面迫害性客体的伤害。

相反，当好的体验占主导时，主体的投射与迫害感减少，理想化客体和迫害性客体之间的分裂也会降低。于是，主体更接近抑郁位置——即客体和自我的整合，矛盾的爱恨情感的整合，此时客体也被体验为一个整体。然而，克莱茵却认为，到达抑郁位置不是一劳永逸的，个体总在被迫害的焦虑（恨多于爱时）与抑郁的焦虑（爱多于恨时）之间持续摆动（Segal，1979:80）。

回顾弗洛伊德关于爱与恨起源的思想，以及后弗洛伊德学派的贡献（Delaite，1990），我们可发现克莱茵描述的原始分裂很符合弗洛伊德的描述（1915c）。他认为，让人不愉快的客体会招人恨，好的客体被纳入自体当中，招人恨的客体则会被驱逐。这解释了为什么"恨作为一种与客体的关系，出现得比爱更早。这源于自恋的自我对外部世界的原始拒绝，因为外部世界充满了刺激""一直到生殖器官成熟时，爱才会作为恨的对立面出现"。至于爱恨的矛盾，虽然弗洛伊德曾在不同时期使用这术语，而也如奎诺多所言，他没有解释其中的差异。根据奎诺多的观点，克莱茵的贡献使我们能够区分矛盾这一概念包含的两种不同含义：

我认为区分两类情感矛盾很重要：一种是前生殖器期的情感矛盾，此时爱与恨仍是融合的，因而无法连结；另一种是生殖器期的情感矛盾，此时爱与恨已经区分开来，所以能够被连结，这也使完整自我对完整客体的爱成为可能（1987:1591）。

反移情的考验

在移情关系中，分析师代表着被接受分析者爱与恨的客体。分析过程中接受分析者的心理痛苦、抑郁和矛盾冲突被重新激活，也引发他对分析师有意识和无意识的恨，此过程也是对分析师反移情的严苛考验。

接受分析者以自我攻击、自毁的形式所呈现的敌对情绪与相应的死亡焦虑，不论是投射给分析师或针对他自己，都要求分析师要能具备良好的能力去接纳、涵容其消极面，能予以诠释，并将这些投射与积极面向连结。即使当接受分析者的敌对情绪占主导且对分析师产生"负性移情"时，分析师也没有忘记移情的积极面——即隐含在恨中的爱，隐藏在嫉妒背后的愿望——这是很重要的。

分析师是否允许负性移情发展，部分取决于他的理论取向以及反移情阻抗。根据客体关系的概念，他可能将负性移情诠释为接受分析者对治疗联盟的阻抗（Greenson，1967）。如果他是克莱茵学派的，他会认可这样的事实：接受分析者的焦虑会促使他投射幻想中被恨的坏客体或理想化的客体给分析师。在这种情况下，分析师接纳和诠释这些投射，并将接受分析者恨的情绪与他对客体的理想化联系起来，这会让他逐渐克服自我与客体之间的分裂，进而整合他对同一客体的爱与恨的矛盾情绪，并体验客体为一个整体，这一过程与生殖期的情感矛盾相对应。

无疑，分析师的反移情阻抗会阻碍我们诠释与分离焦虑有关的爱与恨的冲突。分析师会抗拒接受分析者的敌意与毁灭性投射，因为接受分析者认为分析师要为唤醒自己的心理痛苦负责，并感到内疚。然而，如果分析师能够在移情中接纳这些投射，接受分析者就能够区分攻击性与破坏性，并将攻击性与正向情感连接，进而恢复爱与恨的连接。

格林伯格（Grinberg, 1962）提出了投射性反认同（projective counter-identification）的概念，强调了分析师无意识认同接受分析者的投射的危险，因为接受分析者也会对分析师进行投射性认同。这个概念在防止分析师与接受分析者产生无意识共谋这点上非常有价值。例如，一个压抑自身死亡焦虑的分析师，当接受分析者告诉他分析师缺席时自己就像死了一样，该分析师可能无法对此进行诠释。

区分心理痛苦与受虐也很重要，因为接受分析者有时会对我们说："我不想受苦，因为我不是受虐狂。"心理痛苦不是受虐，它涉及对外部与内部现实的痛苦感知，是不带快感的。受虐意味着无意识地享受痛苦，基于对客体施虐的需要并由此感受到快感，最终施虐与享受转向主体自身，形成受虐，如弗洛伊德曾指出的（1917e，1924c）。

诠释隐藏在消极背后的积极面

我将给出一个简短的案例，勒内，来展示接受分析者与休假相关的敌意背后的积极面向。

在休假一周之后，我对勒内的语气变化感到惊讶——他的举动很不寻常，他开始对我大肆辱骂，说我是恶心的狗屎，单单是想到要来治疗，他就烦透了。每当我冒险尝试询问他为何这么生气时，他都会更加愤怒。他很可能不知道自己的状态，因为他一向拥有不错的自省能力，但这次他显然被焦虑淹没了。我也没能从他的幻想中获得线索来弄明白发生了什么事，我不想给出太笼统的诠释——比如，他的愤怒可能与我休假期间他对我的感觉有关——因为我觉得这不会给他更多的认识，我希望能更精确。随着时间推移，勒内的焦虑不降反增，我迫切需要予以干预。他的梦给了我此机会。

勒内在梦中看到一对夫妇乘着白色轿车旅行。突然，山洪暴涨，洪水沿着山谷汹涌而下，夫妇俩面临被淹死的威胁。洪流看起来很奇怪,是由污浊的黄色的水和清澈乳白的水混合而成,乳白色的水让他想起牛奶或精液。

勒内接受分析也有好几年了,他试着对这个梦做出了许多不同的诠释,都合乎情理,但也都过于片面。我注意到他的诠释仅仅涉及梦境中敌对、嫉妒或破坏性的方面——即负性的本能。我首先诠释了这一点,问他是否还有更多隐藏的原因,致使他如此焦虑和内疚,并为自己对我毫不掩饰的敌对感到自责。

我的话提醒了他,他最近在我不知情的情况下看到我与妻子在一起,他对此一直感到不安,但也不敢向我提及。我接着完成了我的诠释,告诉他我现在更理解他的愤怒了,因为在我看来,他的愤怒混合着强烈的刺激与积极状态。对此,梦为我们提供了关键线索。我认为,我的缺席引起了他强烈的性刺激,他很清楚这一点,因为他小时候经常体验这类与双亲有关的刺激感受。但是,在兴奋状态下,他所有的感觉融合在一起,他无法区分是什么引起了兴奋:是需要排尿、排便还是射精?因为尿液、粪便和精液都混合在一起,就像梦中汹涌的洪水(泥泞的、淡黄色的和乳白色的),威胁淹没这对夫妇(我和我的妻子在他的幻想中代表他的父母)。我的诠释区分了尿液和精液,使他能够识别隐藏在嫉妒背后的愿望。他体验到的对我破坏性的、罪恶的暴怒,淹没了他想要认同的愿望,认同这对具有创造力的夫妻以及我所代表的男人——这对夫妇在他的梦中逃离了，没有被淹死。

我的诠释包含的假设被证实是准确的，因为我很快观察到，随着勒内内心逐渐清楚精液、尿液和粪便的区别与各自对应的功能，他也有了深刻变化。他的愤怒迅速消失，并且开始感受到富有创造性的可能性，较少感觉会被"无产出"的冲突淹没。

客体在场作为心理痛苦的来源

正如分析师的缺席会使接受分析者体验到可耐受但不同程度的痛苦，感知分析师的在场也会引起不同程度的心理痛苦和焦虑。接受分析者以各种方式感知分析师，这些感知都会引发痛苦和折磨——例如，当分析师被认为是个自由（即会离开）和有性特质（即会与另外一个人发生性关系）的人时。

一般来说，对分析师的缺席反应强烈的接受分析者，对分析师存在的容忍度也最小。对他们而言，这些是无意识的挫折、刺激和嫉妒之源，都无法轻松忍受。随着分析的进展，分析师的存在被更好地感知和忍受，分离焦虑逐渐让位于俄狄浦斯情境的特定焦虑，以及希望了解而不是占有分析师。然而，当接受分析者无法忍受分析师在场时，通常恨与矛盾冲突也会相应地加强，即负性移情的再现。

客体的积极特质所诱发的负性移情一直是许多作者研究的主题：西格尔（1956）认为，精神病会倾向于避开与抑郁位置有关的痛苦；罗森菲尔德（1971）说明了嫉妒在感知到客体的积极特质时扮演的角色；梅尔策（1988）则提出了"审美冲突"的概念。在他看来，一个正在探索母亲的孩子，会发现自己面对的是个谜；他会苦于不知道客体的一切，但当发现客体的行为具有意义时，即使他仍永远无法完全了解对方，也会心安——了解客体的乐趣取代了想要占有客体的欲望（Meltzer, 1988）。

当分析会谈出现间隔时，我们常常会观察到接受分析者退行或逃离的表现。这些表现与多种因素有关，如与抑郁位置相关的情感、对分析师的嫉妒，或"审美冲突"。我认为要谨慎区分这些反应与分离焦虑：在我们的诠释中，必须区别心理的痛是由于分析师的缺席与分离焦虑，还是由于客体的在场对主体的意义。

分离焦虑是一个症候群？

接受分析者因分离焦虑的痛苦而呈现出典型的、重复的临床表现是一种特定的心理病理实体吗？一些学者试图给出概念化的临床描述，如盖（1950）与奎诺多等人（1989）。

我的许多接受分析者的主要症状与分离焦虑有关。这些症状对分析过程的干扰很大，有时大到让我们把其他移情冲突放到一边。虽然这些表现完全可以被归于同一起源，但我不认为它们本身可被视为心理病理学实体——至多可被视为是一个症候群。

由于有些接受分析者有如此强烈的分离焦虑，分析师可能会想了解，在分析的设置中，这些症状可能被涵容及修通到什么程度。然而根据我的经验，这类焦虑的强度与接受分析者的预后之间并不直接相关。最喧闹、表现最激烈的接受分析者不一定预后不好，也不一定是最不可被分析的。

负性治疗反应和分离焦虑

导致负性治疗反应的原因有很多。目前尽管各自理论方法不同，许多学者都认为分离焦虑是最重要的因素。

在1979年的伦敦欧洲精神分析联合会上，对于这个主题，不同流派的分析师都强调了分离焦虑——就分化焦虑而言——作为负性治疗反应来源的重要性。尽管每位发言者都用不同的机制来解释主体与客体融合而非分离的欲求，但他们的结论在本质上没有区别。例如，对庞泰利（1981）而言，负性治疗反应是一种与分析师保持融合的方式："与分析师决裂是一种保留他的方式，而非与分析师分离。"贝戈因（1981）提出，可根据占主导的焦虑本质，区分出不同的负性治疗反应。他们认为，除了以嫉妒占主导地位的形式外，还有与黏附性认同有关的灾难性分离焦虑：

这种焦虑起源于主体虽体验到与客体分离，但由于黏附性关系仍占据主导地位，主体会感觉客体既无法触及，也无法与自己区分。在这种关系模式下，身体和心理无法被体验为是有区别的（Bégoin & Bégoin, 1981）。

格拉雷特（1981）认为，负性治疗反应的共性来自马勒等人描述的分离个体化过程（1975）。在她看来，负性治疗反应源于个体从母—婴二元关系中分离的困难，这一困难在移情中重现，但这种反应并非只有负面价值。

其他作者也注意到分离焦虑作为负性治疗反应的重要因素。例如，戈蒂尼（1982）认为，主体在趋向整合时也面临着觉察到与客体永远分离的焦虑。里蒙特利（1981）提到，分析结束时偶尔会观察到接受分析者的灾难性反应，这也证明是由于接受分析者对融合的幻想持续在移情中占主导地位，但这部分巧妙地避开了被分析，幻想只会在接受分析者突然意识到他与分析师的分离时浮现。

负性治疗反应的概念已经有了很大程度的扩展，因此在临床中我们常常很难区分它与其他妨碍精神分析开展的因素，如负性移情、难以克服的阻抗或治疗僵局。在特定移情情境下评估各种不同成分时，被扩展后的负性治疗反应概念可能会造成混淆。

在最近一篇文献中，马多拉多（1989）尝试区分与分离焦虑有关的负性移情、负性治疗反应和与僵局情境。他认为，负性移情不会打断分析性对话，即使接受分析者表现出负面的敌对态度，与分析师的关系仍然是积极的。相反，在负性治疗反应中，接受分析者的负性态度经由一种隐微的、由强迫性重复推动的方式，破坏了先前关系中的积极因素。根据马多拉多的观点，有些接受分析者难以克服因分析常规中断所诱发的分离焦虑，他们的负性治疗反应也特别强烈。对他们来说，负性治疗反应破坏分析积极面向的危险，会随分析结束的临近而增强。最后，马多拉多认为，在僵局情境中，分析师与接受分析者无意识反移情共谋造成的阻碍，比负性治疗反应更大。

根据我的经验，与客体融合而非分离的愿望经常卷入负性治疗反应中。我看到很多接受分析者在取得进展后反复退行，根据他们的梦及联想提供的材料，进展代表了无法忍受的丧失与分离。对一些接受分析者而言，与客体不分离的无意识愿望，会表现为持续地依附客体或客体替代物，他们尤为抗拒改变。对另一些接受分析者而言，进展可能会带来不可逆转的客体丧失，这会令他们感到恐惧，于是他们发展出了对客体全能控制或统治的需要，表现为躯体疾病或意外。躯体病变的意义在于，接受分析者分裂出的部分自我，在潜意识中继续与客体融合、不分离，这种机制在死亡本能的主导下运作（J-M. Quinodoz，1989c）。

婴儿心理创伤的相关问题

遭受强烈分离焦虑的接受分析者通常会报告这类真实的事件——婴儿期与亲人的分离、真正的丧失或者是丧失了父母或身边重要他人的爱——并认为这是焦虑的根源。接受分析者会说："自从他/她离开后，我整个人变糟了。"

在分析中，接受分析者可能用不同的方式呈现这事件。他可能会把它描述为一种原始状态的冲击，自己无法从中恢复，事件贯穿过去、现在和将来，并剥夺了他思考的能力。总之，接受分析者表现得完全像个创伤受害者，在这一情况下，他无法区分幻想与现实的影响："如果我的情况很糟，那是因为丈夫（妻子或另一个重要人物）抛弃了我……是因为我5岁时被父母抛弃了……或者是因为某人的去世。"某些接受分析者甚至无法表达自己被抛弃的感受，也无法以语言将这种感觉与分离或生命中的事件联系起来，比如亲人的丧失或生命中的重要时刻。他只能在前语言层次表达，在移情中通过见诸行动重现过去的体验。例如，接受分析者会做出有意义的无意识行为，使分析师放弃他，就像他过去被父母抛弃一样。在这种情况下，接受分析者借由投射性认同来放弃分析师，或至少是通过反复的见诸行动，让分析师感觉被抛弃。接受分析者则认同了抛弃者（接受分析者迟到、频繁缺席，或在会谈中保持沉默——这也可能是缺席的一种形式）。在另一些情况下，接受分析者较有能力涵容自己的焦虑，因此他能用语言表达是因害怕分离而产生的痛苦，并且更能区分现在与过去、自己的内部与外部，而不被焦虑淹没。接受分析者也可能有意识地遗忘了创伤事件，在沉默中将创伤行动化，只有随着分析的深入，创伤事件才会被再次记起。

　　这些创伤对精神分析提出了问题，即外部现实与心理现实的关系问题；面对创伤时，我们很难确定什么是真实的、什么是幻想。弗洛伊德对此议题的立场也有转变。他最初的模型是一种机械因果关系，成年生活中的癔症被归因于童年时期的真实事件——通常是性诱惑。后来，他意识到接受分析者陈述的诱惑场景往往是虚构的，不总是真实的。所以，他提出一个更全面与复杂的概念，用来解释外部现实和心理现实、现在和过去之间的关系。此概念将"创伤情境"作为一个整体去考量，而幻想在其中占主导地位（1926d）。

总结当代精神分析关于创伤议题的立场，我们可以说，适用于诱惑的创伤情境就同样适用于分离。正如就诱惑而言，接受分析者认为是真实的记忆场景实际上只存在于他的想象，有些情况下接受分析者陈述的被抛弃事件并不符合外在现实，只是他内心想象的场景，属于心理现实；或即使涉及真实情境，事件本身也微不足道，但因为接受分析者投射可怕的幻想到该事件，让它变得具有创伤性。不过，也有些情况确实是真正的抛弃，即使在这种情况下，最终起决定性作用的还是接受分析者的幻想，幻想决定了他的经历是"创伤性的"或是其他。简而言之，被扩展后的婴儿心理创伤的概念，包含真实的经历和幻想，而心理生活和幻想被放在核心的位置。举例来说，我们可以从那些需在医院隔离的儿童身上观察到以下情况：有些儿童在与家庭环境分离时，会有不同程度的严重退行；而其他儿童则能容忍分离。这就让人想到古拉明（1989）所指出的发育因素（pylogenetic factor）影响，孤儿的状态有时甚至会构成存在的刺激物（Rentschnick，1975）。

补充一点，所有的创伤情境均包含客体与客体关系，而重复创伤的倾向需要个体与丧失客体建立认同关系（Andréoli，1989）。正如巴郎格等人（1988）所说，引发焦虑的客体在主观上总是在场的，甚至过度在场——不论它是内在在场，还是外在在场。因此，创伤可以被轻易地归咎于某人，认为他没做该做的，或是做了本不该做的（1988:123）。

创伤情境的精神分析概念被放在客体关系的背景下，使得用精神分析治疗创伤成为可能，因为客体关系探索过去和未来如何构成现在。如果我们不能沿着这条通向过去的道路追溯自己的足迹，进而重构创伤，我们也就无法改变个人历史的进程。

一个强迫性重复创伤情境的案例

接下来的临床案例，将会帮助我们理解创伤性分离情境的性质，以及如何在移情关系中将其修通。

我的接受分析者名叫保罗，他因为接连不断地被老板解雇并在亲密关系中被女性抛弃而处于绝望当中。在讲述这些事件时，保罗意识不到自己如何参与这些事件。他几乎没有童年记忆，感受到对父母的生气——他的父亲是第一个"解雇"他的人。在事业或感情方面，保罗一开始都有着良好的前景，但突然间一切都会急转直下，他也不知道为什么会这样。由此，他开始恐惧未来，这也是他来找我分析的原因。

一开始，保罗带着兴趣与承诺投入分析中。然而，一年后他开始对我说，因为工作，他无法过来分析的可能性将越来越大，而且他必须优先考虑自己的工作职责，而不是分析。他开始频繁缺席，却从未事先通知我；他会在会谈结束后走出房门时告诉我，好像他的缺席与分析无关。当我在会面中提到这一主题时，他会回答说这与他自己的工作职责有关，与我无关。在会面时我几乎不可能将这一冲突带入我们的关系当中。对于保罗的缺席与他日渐频繁地威胁要中断分析，我感到越来越恼怒。我感到愤怒在心中逐渐升起，鉴于保罗似乎对我们的分析工作缺乏兴趣，我开始认为他致力于他的专业可能更好，他应该做出选择：要么定期来会面，要么放弃分析。

接着，我意识到自己已经陷入他的潜意识游戏，并正在冒险要"解雇"他，正像不断解雇他的老板们、与他分手的女友们一样。我也开始清楚地认识到，保罗在潜意识里将我投射成一个威胁要解雇他的老板：被解雇的风险并非来自我，实际上来自他自己，他不知不觉地做了一些事，诱使我解雇他。我从各种角度进行诠释，向他展示他如何无意识地对我施加间接的影响，将我变成一个可能会解雇他的、愤怒的老板或表示拒绝的女友，他在每段新关系中都表现出这种重复的行为模式，并且从童年时期起就开始这样做了，而保罗很难觉察到自己参与这个过程。他归因于专业会议的时间造成分析的大量缺席,他深信对方"只是恰好"安排了与分析会谈冲突的时间,而他没有异议就接受了,从而无意识地完成了一件事——将被我解雇的秘密愿望转化为行动。

这种移情冲突极度费劲,因为它代表了他(或至少是部分的他,因为他仍然继续过来见我)与我之间关于幻想和现实哪方面会获胜的抗争。

在这段时间,保罗几乎每次会谈结束时都说他明天不会来了,并且提出新的基于"现实"的理由。他的理由非常逼真,总让我叹为观止,当面对这种令人信服的"现实"情况时,我有时也对自己的诠释感到无力。有一天,保罗说他接受了一份新工作,隔天将搬到300公里外的地方。我没有被灰心的状态压倒,再一次诠释他正在将被我抛弃的愿望行动化,并在会谈结束时对他说:"再见,明天见。"同时想着若他真的离开了,我将再也见不到他了。尽管之前宣布了这一惊人的消息,隔天保罗还是准时到了,并说了一个梦,梦的主题是堕胎,之后他再也没提起离开的事。

这个重要的梦唤醒了他的记忆:在他小时候,母亲曾多次告诉他,她曾在怀孕时尝试流产,并在保罗出生那天说她不想要这个孩子了。我从保罗由这个梦联想到的记忆得知,他借由威胁要停掉分析,无意识地把我变成了试图摆脱这个"接受分析者—孩子"的"分析师—母亲"。这重燃了保罗对母亲的愤怒，他将这种拒绝归咎于她，并指责母亲毁了他的生活，而忘记虽然母亲有时倾向于拒绝他，但她仍是一个充满爱和体贴的母亲。保罗变得更能表达他的愤怒和不满，不仅对他的家人，对我和"分析"也是如此。因此，现实中中断分析的威胁被口头威胁取代，但这些威胁可在分析中进行诠释和修通。保罗也开始明白，他自己在这些断裂的关系中扮演着积极的角色。通过分析他与父亲的关系，他开始意识到父亲尽了一切努力来留住他，直到他自己迫使父亲赶走他。他意识到，那些最终离开他的女人们也是一样的情况，是他将中止怀孕的母亲的形象反复地投射给对方。

保罗逐渐意识到他的幻想及其对现实的影响，也对外在和内在世界、现实与幻想之间的关系有了更好的认识。他更能区分什么属于过去，什么属于现在，什么是对创伤情境的强迫性重复。而在这些情境中，我们永远不会知道有多少现实被牵涉进来。保罗也意识到，只要他对母亲的恨被连结到他感受为创伤的情境，他就无法将她想象为充满爱和体贴的母亲，这同样也适用于他对父亲的感受。

第 九 章

见诸行动与分离焦虑

"人们挤在快车上，"小王子说，"却不知道他们要寻找什么。他们是在忙忙碌碌地兜圈子……"

——安托万·德·圣·埃克苏佩里

分离焦虑与见诸行动的紧密联系

本章将要讨论分离焦虑与见诸行动之间的紧密联系。首先我需要说明一下，我在这里使用的是拉普朗虚和庞泰利（1967:4）对"见诸行动"的原始定义，不对治疗外与治疗内的见诸行动进行区分——尽管一些学者可能会这样做。虽然有大量精神分析文献涉及见诸行动的各个方面，但是很少有人将见诸行动视为分离焦虑的表现形式。这不禁令人感到惊讶，因为通过见诸行动来表达分离焦虑是极为常见的现象。正如临床经验表明：在两次会谈之间、周末或假期时，特别是一些不可预见的中断（如错过会谈），见诸行动的频率会大大增加。

我相信，作为分析师，我们都很熟悉分离、见诸行动和移情之间的关系。它们是那么的明显，以至于我们大多数人都已经习惯在实践中直接诠释它，似乎不需要参考与这些现象相关的特定技术和理论。

毕竟按照惯例，分析师会将见诸行动看作是被压抑部分重现的标志，当见诸行动在移情关系中出现时，它会被看作是"拒绝承认移情的基本方式"（Laplanche & Pontalis 1967:4）。不过，这种看法忽视了见诸行动出现的时机。如果考虑到时机因素，再加上它的强度和频率，我们会发现，见诸行动是治疗中分离焦虑的主要表现之一。

出于这个原因，每一个与分析中断密切相关的见诸行动，不仅包含了普遍意义见诸行动的特征，还包含了与分离有关的特征。接下来我将先从临床的角度对此进行讨论，然后再来看理论。

临床实践中的见诸行动与分离

作为分离焦虑的一种典型表现，见诸行动拥有之前章节所描述的大多分离焦虑在移情中的表现形式，包括：无法承认与

第九章　见诸行动与分离焦虑

分析师的关系；以行动代替思考；退行倾向或某种心理紊乱；使用前语言期的沟通形式；将情感转移（通过投射恨、依恋、理想化等）或将部分的自我转移（通过投射性认同）给分析师以外的一个或几个人。所有这些都旨在无意识地压抑、否认与分析师的分离以及相关的感受。一般来说，在分析会谈遭遇中断时出现见诸行动，目的可以说主要为了防御，即否认与分析师反复分离引起的情感，如心理痛苦、焦虑以及一系列相关的感受。

与分离有关的见诸行动不仅会呈现多种形式，而且还会在治疗的任何时刻出现，尤其是治疗出现中断时。例如，我们经常发现，在休假之前或之后，接受分析者会迟到、或错过一次或多次会谈。接受分析者会记错治疗师离开和返回的日期或时间，在会谈重新恢复之前或之后回到分析中，而不是按照原先安排好的时间——这是有潜意识的原因的。接受分析者也可能会在分析会谈的时间安排一次商务会谈，意味着他希望找到分析师的替代品，由此表达他的不满或任何其他感受，这些感受的潜意识意义需要被发掘。转移给其他人、压抑情感和动作倒错，是对分离的良性反应。与此不同的是，当见诸行动作为死本能和破坏本能的表达时，它的后果可能更为严重：此时出现的分裂和决裂，会对接受分析者的生活产生破坏性的影响。例如，接受分析者可能会让自己遭受另一半的抛弃或雇主的解雇，因为他无意识中认为分析师已经"解雇"了他；或者，接受分析者表达他对分析师的潜意识依恋与恨的方式是：事故（D. Quinodoz，1984）、身体疾病（Quinodoz，1984，1985）或幻想——所有这些不同程度的退行表现都是他与分离焦虑的对抗。

分析师不容易判断某个见诸行动是否与分离有关，以及接受分析者的要求可能具有哪些移情含义。曾经有一位女性接受分析者，每当假期结束后恢复会谈时，都会要求改变接下来一两次会谈的时间。例如，她会把下午的会谈改到上午，或者把上午的会谈改到下午；这些变化总是在很大程度上打乱我的日程安排，也影响了其他接受分析者。每次她都会提出至少看上去是令人信服的、无可辩驳的、与工作或家庭有关的原因。在我可以避免掉入她的表面要求所制造的陷阱之前，我需要一定的时间和体验。后来，我们终于明白了，她在我的假期之后提出的这些要求，掩盖了她的潜在需求，混杂着情感和攻击。通过让我为她做一些特别的事，她便可以恢复在我"家"的主导地位——因为她觉得我已经把她送走了。

在《分离：一个临床问题》（*Separation: A Clinical Problem*）一文中，贝拉曼（1982）罗列了接受分析者与分离相关的见诸行动的类型，他们在治疗出现间隔时：

可能会沉迷于无爱的性行为，或用食物、饮料、憎恨、批评和不满来填充自己，试图自我安慰。可能会变得过度干涉他人，或者由于投射，觉得被别人过度干涉……可能会用恐吓的方式来获得持续的关注，或忙于一些偏执性的活动、锻炼身体、疑病以及各种方式的手淫。分离没有被意识到，为了不体验到分离，与不同的客体建立强迫性的依恋；感到激动、仇恨、诗意等，这些状态需要持续的病理性依恋，来避免意识到丧失了什么（1982:14-15）。

贝拉曼在这里强调的是，受虐以及对客体基于恨的依恋，让接受分析者无法建立"足够好"的关系。他提到了一些被他描述为在关系中"独居"（separated）的病人。他对"独居"这个术语的用法，在我看来是不太寻常的：他并不是说主体与客体是分开的，而是主体"独立于一段（与客体的）足够好的关系"，即这种关系被剥夺了。贝拉曼还强调了分析师处理自身反移情中的抑郁的能力，只有具备这种能力，他才能够诠释分离焦虑：

诠释分离焦虑的能力，要求分析师能够接触到自己的分离焦虑，并且能够承受痛苦。在遭受拒绝、蔑视和指责时仍然维持分析工作，能够将这些攻击与分离体验联系起来（1982:23）。

当分析师对与分离有关的见诸行动进行诠释时,将移情放在整体情境下理解会很有帮助。通过这么做,我们可以将见诸行动放在接受分析者和分析师的动态关系中理解,两者的关系模式是持续变化的。如果我们能够在治疗中的某个特定时刻为某个特定的见诸行动赋予意义,那么我们也就能够评估当下接受分析者是如何"使用"我们的,并且由此一瞥他目前的焦虑和客体关系状态,接着在移情中对此进行诠释。

见诸行动,为了寻找心理容器

在过去的几年中,随着对客体关系和移情所涉及的机制有了更多的认识,我们越来越清楚为什么见诸行动会成为分析会谈出现中断时的常见反应。比昂(1962)关于"容器—被涵容者"的概念,罗森菲尔德(1964b)对于投射性认同概念的发展,以及格林贝格(1968)对于见诸行动的研究,都为我们的工作做出了根本贡献,帮助我们理解病人与治疗师分离时的见诸行动,以及如何对此进行诠释。

如果将比昂的"容器—被涵容者"概念应用到分析关系中,我们可以认为这是一种基于"母亲—孩子"关系的模型:接受分析者在分析师那里寻求一个容器,用于接收他的投射,然后通过"沉思的能力"(capacity for reverie)转化后归还给他。在会谈末尾、周末或假期，接受分析者与分析师分离。这时接受分析者被剥夺的不仅仅是分析师，而且还有接收他投射的容器。比如，当治疗出现间隔时，接受分析者不仅要感受到焦虑（与分析师分离或失去分析师的恐惧），而且不再拥有可以让他摆脱心理痛苦的容器，因为他不能在会谈中断期间继续向分析师投射痛苦。于是，见诸行动就会发生。格林贝格在《论见诸行动及其在精神分析历程中的作用》（*On Acting Out and Its Role in the Psychoanalytic Process*，1968）一文中指出，见诸行动发生在一般的自恋关系中，这种关系与比昂的涵容关系相似，这就是为什么会谈中断时常会发生见诸行动。他指出，当分析师不在时，"分析师的缺席被认为是一种迫害，因为病人会将分析师不在这件事，与他自己的攻击幻想与报复恐惧联系在一起"（p.172）。在其他时候，接受分析者不是将幻想内容投射给外部世界中的某人（此人代替缺席的分析师容器），而是投射给自己身体的一部分，部分的身份被用作容器——躯体症状或疑病症因此出现，用来包含客体的有形"存在"，抵消了分析师的缺席，同时保留了分离焦虑引起的令人难以忍受的痛苦。最后，正如格林贝格所言，周末的梦与见诸行动之间存在相关性：接受分析者的梦越多，见诸行动越少，反之亦然。

查克（1968）对接受分析者面对交替出现的"分析周"和"分析周末"的反应做了一个有趣的研究。他指出，周末的分离非常重要，因为分析师内部失去了一个允许对痛苦投射性认同的容器。根据查克的说法，由于病人不能对分析师释放焦虑，他不得不自己重新内摄这些焦虑。对此，他体验到的是破迫害，因为分析师不在，被迫"接收"那些他无法摆脱的部分。查克相信这是导致见诸行动的原因，即试图寻找可以放置心理痛苦的客体。通过重新投射自我无法再内摄的内容给外部客体，他可以建立一个新的平衡，因为无论是内部客体，还是部分的身体，都无法再内摄这部分。在查克看来，见诸行动不仅是一种防御技术，而且也是一个"安全阀"。依靠见诸行动，人格的精神病性部分有时可以（但不总是）被重新投射，通过隔离保护自己非精神病性的部分，避免精神错乱。

之前提到的罗森菲尔德（1964b）的工作让我们看到，投射性认同被边缘性人格和精神病人频繁地使用，为的是对抗分离焦虑，常常表现为见诸行动。在这种情况下，见诸行动可以被看作是发生在理想化的自恋关系中，用一个或多个客体代表分析师的一个或多个替代者，结果是自我与客体之间的混淆。

格林贝格（1964）对分离和客体丧失问题做出了原创性的贡献，提出哀伤与抑郁导致的丧失体验，不仅针对客体的丧失，同时也针对自体的丧失。根据格林贝格的说法，哀伤不仅是为了丧失的客体，也是为了丧失的部分自体，这部分自体携带着被投射的客体。例如，我们可以在见诸行动中观察到这点。这个过程是正常的、还是病态的，取决于抑郁的内疚与被迫害的内疚谁占主导。出于这个原因，要修通客体丧失引起的哀伤，前提条件是修通自体部分丧失引起的哀伤，因为成功的修通取决于身份感的恢复。格林贝格的重要贡献告诉我们，对分离焦虑的诠释不仅要考虑客体丧失，还要考虑身份感的丧失，后者与部分自体的丧失密切相关；因此，我们必须向接受分析者展示一些细节，以便使他们能够获得更深的洞察力，意识到哪部分的自我在会谈中的特定时刻被体验为丧失，或者在"此时此地"特定的移情中与客体相关的哪些方面是缺失的。

分离、会谈时间和费用

我希望为这个主题增加一项技术性的内容：与分离焦虑有关的见诸行动经常表现为不能遵守约定时间，例如迟到、忘记会谈，以及一些广义范围的行为倒错，例如支付费用时算错会谈次数。就潜意识移情而言，所有这些状况都饱含深意。

在临床实践中，我倾向于安排好相关事宜，因为只有会谈继续进行，见诸行动的风险才能被分析；例如，选择在会谈开始时告知一切信息或通知，如果可能的话留出充足的时间。同样，我更愿意让接受分析者在会谈开始时支付账单，这样我们就能够借助于会谈次数以及费用的改变，及早对这一类见诸行动的潜意识意义进行工作，揭露其中与分离相关的移情幻想。每位分析师都会发现，在会谈结束时的通知，或在会谈最后一刻宣布取消，会增加见诸行动的风险，同时也没有留够时间对此进行修通。

第 十 章

精神分析的设置与容器功能

隔天,小王子回来了。

"你最好每天都在同一时刻到来,"狐狸说,"比如说,如果你总在下午四点来,那么从三点起我就开始高兴了。越接近那一时刻,我就越高兴。到了四点,我已经躁动不安,开始担心了:由此我发现了幸福的代价!但是如果你每次来的时间都不一样,我便无法得知应该在什么时候做好心理准备……应该举办仪式……"

"什么是仪式?"小王子问。

"那也是早已被人们遗忘的事情,"狐狸说道,"它会让某一天不同于其他日子,某一刻不同于其他时刻。"

——安托万·德·圣·埃克苏佩里

体验精神分析的条件

由于分离焦虑的出现与分析性会面的不连续性有关，单凭诠释显然已经不足以平息焦虑，在诠释的同时还得为病人提供一种分析的情境与设置，在这样的框架中，精神分析的历程才有可能出现。要产生令人满意的移情体验，需要一些特殊的条件，其中最为重要的一点是建立并主动维持某些特定的常量。

查克（1968，1971）认为：某些常量是绝对的，因为它们构成了分析性治疗的一部分，并与精神分析的基本假设相关；而另一些常量却是相对的。有些绝对的常量与移情关系的特征及呈现方式有关；而另一些则与分析的设置有关，有设置才可能有关系。查克还认为，一些与稳定性有关的基本要素，促进了分析师与病人的沟通，即每周规律性的会谈，其固定的频次、时长、不变的分析场地与付费。此外，在他看来，还有两类相对的常量：一类与分析师自己有关，包括他自己的人格、个人及社会环境、特别拥护的精神分析学派；另一类则来自病人与分析师之间特定的协议，如分析费用的多少与假期的长短。

弗洛伊德最初设定精神分析实践的最佳形式，采用的是以观察或实验为依据的方法，旨在促进治疗的进展以及减少介入。在此之后的几十年间，精神分析师们理所当然地在实践中

第十章 精神分析的设置与容器功能

沿用弗洛伊德提出的设置，不曾考虑实践需要以明确的理论依据为基础。总的来说，分析的情境与设置还是被维持着，尽管可能有些分析师不同意设置的某些方面，但也会在实践中忽略这些，任由其他人继续维持。设置中与会谈的场所、时间、费用相关的因素，长期以来被看作是精神分析技术的一部分。不过，相较于这部分，分析的内容吸引了人们更多的兴趣。

近来广为流传的一个说法是，我们需要试着让自己作为分析师的身份变得更加特殊化，以便获得一个更好的自我定位。我们也注意到，这一身份本身，要求我们必须清晰地描述特定的分析设置、以及各种因素在开展分析的过程中所起的作用。设置上的任何变动都不可避免会改变分析过程的性质，所以"我们需要知道哪种特定的设置最为适合我们自己口中的分析"，正如D. 奎诺多（1987a）所言，分析设置的角色犹如"具有容器功能的器官"。换句话说，正如拉普朗虚在1987年的日内瓦演讲中对我们的提醒，我们要知道自己将要如何应对建立分析情境的过程所释放出的那些令人敬畏的能量：我们是要将它暴露在一种难以控制的连锁反应中，还是说更愿意把它导入一个"回旋加速器"（即经典的分析设置）里面？

为保留分析师身份的本质并令其代代相传，国际精神分析协会（IPA）最近公布了对未来精神分析师的最低要求，为某些特定的方面制定了基本的准则，如：会谈的频次（每周4~5

次）与每次的时长（45~50分钟）（1983，1985，1987）。在该手册的前言中，IPA的主席瓦勒斯坦（1987）指出，到目前为止分析已经在"以一种口欲传统（oral tradition）的方式发展"，所以当务之急是要更为准确地澄清我们的共识，并编写成从业准则。萨苏（1987）就其工作小组采用的准则发表了个人意见，该工作小组执行着"最低要求"这项艰巨的任务。在她看来，在严格的经典精神分析设置下，个人分析最有可能获得成功，因为这样的设置提供分析师与病人持续会面的机会，一周超过半数日子的会面才有可能发展萨苏所描绘的极为微妙、敏感的移情体验。

精神分析的设置与"容器—被涵容"关系

在我看来，对分析情境中分离焦虑所扮演的角色进行探索，考虑这类焦虑与精神分析设置/历程之间的密切关联，为经典精神分析设置的有效性提供了科学证据。每周至少4~5次的会谈，每次持续45~50分钟，时间固定并均匀地散布在一周当中，做满一年中的大部分时间，这样的设置可以帮助减少现有的大量间隔以及面对分离的反应，同时让分析工作得到更好的涵容。对很多神经症病人而言，他们还没有发展出足够的连续感，降低会谈的频次或时长会不断地激发他们的分离焦虑，

第十章 精神分析的设置与容器功能 | 217

这样的病人已经有能力象征化地体验缺失,因而相对其他人而言更需要被涵容。如果一周当中没有分析的日子多于有分析的日子,那么这种不连续性会让分析师更难去识别并诠释分离焦虑,同时也让病人更难去修通相应移情过程中的复杂情绪。

就个人而言,我在分析实践中采用的是一周至少4次的频率。一方面,具备这样的条件才足以让我识别与诠释极为丰富且多样化的移情冲突;另一方面,我认为,具有深度情绪/情感体验的精神分析治疗是建立在一定条件之下的,即分析师与病人足够频繁的会面。汉娜·西格尔曾反复地表达她的信念:只有一周4~5次的分析才能通过移情进入最隐蔽、最根本的情绪冲突。这主要是因为,足够的接触才能使得偏执—分裂与抑郁的焦虑在面对分离时得以细致地显现,因而有机会被修通。如果设置无法被维持,让治疗成为一个致力于产生分析性理解的地方,那么病人将要面对的是非常混乱不安的现实(Segal,1962)。

毫无疑问,病人面对最终与分析师分离(即分析的结束)的能力,取决于他处理自身焦虑的能力,以及从偏执—分裂过渡到抑郁位置的流动性。在我看来,正如西格尔(1988)所言,结束分析的问题不仅在于是否消除症状与退行防御,更重要的是,病人是否获得了足够的能力让自己从偏执—分裂位置摆动到抑郁位置,即使达到后者的状态无法永久保持、一劳永逸。

有了这样的流动性，病人便可以处理痛苦、焦虑、丧失与分离，因而可以内化好的情绪体验。

第十一章

分析的结束和分离焦虑

小王子就这样驯养了狐狸。当离别的时刻临近时——

"啊!"狐狸说,"我会哭的。"

"这是你的错,"小王子说:"我原不想让你难过,可你要我驯养你……"

"的确。"狐狸说。

"可现在你要哭了!"小王子说道。

"的确。"狐狸说。

"那么,这对你一点好处也没有嘛!"

"当然有好处,"狐狸说,"因为麦子的颜色。"

——安托万·德·圣·埃克苏佩里

精神分析治疗结束的议题,在临床、技术与理论层面都引发了许多难解的问题。有人已总结了相关的论述和讨论

(Firestein，1980)，为了简明起见，本章仅限于讨论分析结束与分离焦虑间的关系。由于分析师参照不同的结束"模型"，分离焦虑在分析结束的过程中的定位也有不同。如果分析的结束被视为是接受分析者与分析师间的分离，哀伤工作则会被视为连结移情／反移情的要素。

我认为，接受分析者在面对因分析结束而产生的哀伤过程时，他的应对能力是评量分析结束与分析过程的主要准则。我也相信，哀伤工作在治疗的结束阶段很重要，其成败将大幅决定分析是否可视为已完成，或者相反，分析尚未真的完成。

弗洛伊德的结束分析

弗洛伊德在他生涯的不同时期提出分析结束的几个准则。首先是接受分析者应有工作和爱的能力。根据第一地形说，他将治疗目标定义为潜意识的意识化。在引入第二地形说后，他认为分析的目标之一是让自我在超我、本我和现实的关系中发挥更好的功能，"本我曾在哪里，自我就应在哪里"（Wo Es war, soll Ich werden）（1933a:80）。弗洛伊德在《可终结与不可终结的分析》（1937a）一文中，曾讨论了个案阻抗结束治疗的相关因素——特别是男性的阉割焦虑和女性的阴茎嫉妒。在弗洛伊德有关分析结束的概念中，相对于他最爱提的概念之一修通，他几乎不强调移情中的哀伤工作。弗洛伊德可能还没有像亚伯拉罕和克莱茵那样，发展出适合的情感理论来解释爱与恨整合的不同阶段。再者，弗洛伊德认为哀伤仍主要与现实有关，认为这是一种自我的能力，即个体接受了客体丧失的现实，将自我与丧失的客体分离，并能有新的客体—贯注。

在精神分析发展的早期，精神分析的主要目的被视作是通过诠释使潜意识意识化；然而，后来的分析师更强调接受分析者—分析师之间的关系与转变，这也导致了关于分析结束的概念的变革。

主要的结束模型

至今为止，分析师们已经发展出不同的概念来理解结束分析的过程。广义而言，我们可将其区分为两种相反的观点，一种几乎仅与接受分析者的人格相关；另一种则聚焦于接受分析者与分析师的关系上。虽然已有的结束"模型"种类多样，但是这些模型皆可被划归为这两种基本概念的其中一种。

那些主要关注接受分析者人格的分析师试图界定，接受分析者的哪些心理变化可作为分析结束的指标。多数作者认为，症状缓解并不是一个充分的标准，而促进内省力和消除婴儿期失忆是更好的指标。其他分析师，尤其是美国学派的分析师，则强调人格"结构"的改变，内心冲突的化解及心理平衡的实现——根据海因兹·哈特曼和安娜·弗洛伊德的观点——这相当于个体适应了现实和环境。而兰克（1924）则认为，对每个接受分析者而言，分析的结束象征着新生。

后来，巴林特（1952）将分析结束描述为"新的开始"：接受分析者觉得自己被赋予了新的生命，好比他体验到接近足月时要被生下的感觉。这一新的启程，引发他混杂着悲伤与希望的感受。其他分析师则认为分析是自然走向终点的，仿佛接受分析者的冲突都被排空了。举例而言，费伦齐（1927）认为，结束是逐渐且自然发生的："分析的适当结束时机是……在冲突排空时结束，也就是说……真正被治愈的病人会缓慢但必然地从分析中离开，不再依赖分析。"

弗卢努瓦（1979）认为，在分析结束时，分析师代表他自己和接受分析者缺席的阴茎父母，

> 他表达了拒绝再参与移情关系的游戏。因此，分析结束时的诠释可被视作是缺席的阴茎父母拒绝承担这角色。……此第二时期的结束等同于扬弃了俄狄浦斯的目标。此刻，分析师和接受分析者只是在同房间里的两个人，他们之间已经没有与精神分析有关的共通点（1979:232-233）。

第十一章 分析的结束和分离焦虑

最后，我们要提到一些分析师的极端立场，他们认为在分析结束时，分析师不再是接受分析者的任何人，移情关系因分析师身份的消失而中止："接受分析者意识到，天堂是空的……如果有人想了解、并了解更多，那么只有他自己一个人，没有其他人了"（Roustang，1976:61）。

涅波维奇（1980）不同意这种清空分析师的观点。他像许多精神分析师一样持相反的观点，认为即使在分析的结尾"精神分析师不仅不是无关的人，实际上还成为一个人"。并且，分析关系转变成真实的关系，患者和分析师已经不再需要移情神经症了。

我个人认为，虽然分析性的会谈停止了，但接受分析者和分析师的关系仍以内化的形式持续着。在我看来，这类主张分析师在分析结束时不再是任何人的观点，隐含着分析师的反移情——即他否认了分离的现实，以及接受分析者与分析师都会有的抑郁感受。

与上述概念相反，许多分析师着重于分析结束时接受分析者与分析师的关系，而不是仅着重于接受分析者人格的改变。从这个角度来看，接受分析者与分析师最后的分离必然会引发哀伤的历程。哀伤的修通对分析的结束有着决定性的影响。分析关系最终的结束包含着丧失，然而一旦接受分析者能够修通哀伤，这将有助于他深化洞见与自我分析的能力。分离过程的各面向都可比拟为正常的哀伤工作，修通哀伤意味着接受分析者已经能够忍受孤单而不过度焦虑，能放弃全能和不朽，能接受生命有限的现实，接受自己和分析师之间即将到来的分离，并内化分析师的功能。接受分析者由领悟获得的知识，有助于减少焦虑，并让他能将自我理解应用于后续体验。正如格林贝格（Grinberg，1980）所说："分析不会随着分析师和接受分析者的分离而终止。唯一结束的是二者的关系，此关系让位给经由自我分析而持续的新阶段"。

移情和反移情的问题与分析结束的方式密不可分，分析的结束不只冲击了接受分析者，也挑战了分析师自己的哀伤历程。在某些情况下，接受分析者的病理性防御和过度投射可能会诱发分析师愤怒或拒绝的反移情，或因投射性反认同机制的影响，导致分析师变得抑郁，承担起接受分析者难以耐受的哀伤历程（Grinberg，1980）。分析师可能也会因潜意识的因素延长分析时间，或相反提前结束。

结束分析与哀伤

精神分析学者们陆续关注到分析结束时哀伤工作的不同面向。例如，赖希（1950）观察到，分析结束涉及接受分析者的双重丧失：丧失婴儿期的移情客体；由于分析关系的本质、时间与亲密感，丧失分析师这个真实的人。因此，提前几个月确定分析结束的日期很重要，让哀伤的这些面向能被修通。

忍受孤独的能力是结束分析的另一项重要指标。格林（1975）对此有着生动的描述："也许分析的唯一目的，就是让病人有能力'在分析师在场时'独处"（p.17），由此，他独创性地将温尼科特的概念应用到分析的目标上。

梅兰妮·克莱茵认为，婴儿期的抑郁位置与分析的结束有着直接的关联。抑郁位置也决定着心理结构。在她看来，婴儿期的抑郁位置主要与断奶时丧失乳房的体验有关，分析的结束是断奶体验的再现。克莱茵在她的论文《精神分析结束的标准》（*On the Criteria for the Termination of A Psychoanalysis*, 1950）中指出，一个令人满意的分析将导致与分析师相关的哀伤情境，这种情境会重新激活接受分析者生命中所经历过的其他哀伤事件——从断奶这一哀伤原型开始。

西格尔（Segal，1988）在一篇关于分析结束的论文中指出，分析结束的迫近通常会再唤醒旧的焦虑和防御，尽管症状不一定会再现。她举了一个在分析中对分离特别敏感的接受分析者的例子。在分析的最后阶段，这名接受分析者面临极度痛苦的任务——不仅要修通与分析师的分离与分化，还要处理伴随而来的焦虑和抑郁。在分析结束前几周，最原始的分离焦虑再次出现，以至于接受分析者无法摆脱死亡的想法，他觉得如果死亡存在，那就不值得活着。汉娜·西格尔提出疑问，以这类焦虑来抵制分析结束的接受分析者是否已经准备好结束。她认为，就这个个案而言，结束的决定是正确的，因为她的结束标准不是焦虑或症状不再出现，而是允许精神流动性，即防御和焦虑——不论多么原始，都能被涵容在梦、幻想和分析会面中。

从广义上讲，我可以说我的结束标准是接受分析者从分裂、投射性认同和破碎化主导的偏执分裂位置，充分移向抑郁位置，拥有与内部和外部客体更好的连接能力（1988:173）。

在抑郁位置，接受分析者必须应对分离、冲突以及恨的整合。他必须承受丧失和焦虑，内化好的体验，修复好的内在客体以及精神分析性的自我觉察能力，以便能从体验中学习。修通过程的另一部分是接受自己将会死去的事实，抑郁位置永远不会完全解决，而且会在一生中反复出现。汉娜·西格尔关于结束分析的主要标准是流动性和精神困扰的严重度。

结束的标准

许多分析师认为，衡量分析结束的其中一项主要指标，是接受分析者的分离焦虑在治疗过程中的转变。要确认"何时目标已经达成,分析可以结束"确实很困难。关于这点存在相当大的争议,各类文献也已经指出要界定结束分析的适当标准的难度。二战前戈洛夫对英国精神分析协会的会员进行了调查,他询问了他们个人分析的结束标准:结论是,除了分析师的临床直觉能作为治疗结束的一个指标外,没有其他达成共识的标准(Glover,1955)。

里克曼(Rickman,1950)认为,仅使用单一标准衡量结束分析是不可能的,应混合不同准则来确认接受分析者达到"不会逆转"的状态,在那之后他已能忍受挫折而不会退行或精神崩溃。里克曼提到了以下因素:①记起过去和现在的能力、移除婴儿期失忆和修通俄狄浦斯情结;②异性间性满足的能力;③能容忍力比多挫折和匮乏,而不会有退行性防御或退行性焦虑;④工作和容忍失业的能力;⑤能容忍自己或他人的攻击本能,且不会因此失去爱的客体与否认内疚感;⑥修通哀伤的能力。

对里克曼来说,接受分析者在治疗中实现的整合水平会在周末和假期时得到检验。中断迫使移情幻想浮现,这些幻想性质的变化可靠地反映了接受分析者客体关系的改变。他认为用这点确定"不可逆转点"与分析师确定分析结束时间的临床直觉并不互相排斥。

里克曼那篇强调"以接受分析者对分析中断的反应来评估

治疗期间变化"的文章，为后来人们深入研究分离焦虑和精神分析过程的关系做了铺垫。例如，林博曼（1967）认为，周末幻想内容的改变是预示接受分析者发展的重要指标。我们已提过格林贝格（1981）对分析中断期间梦的内容和移情幻想的关系的研究。费尔斯坦（1980）强调了在分析中评估中断时——特别是假期时——移情神经症的重要性，可作为评估接受分析者在分析师不在场时的自主能力。

我同意迪亚金（1988）关于评估分析结束或相遇的观点，即移情是如此复杂，以至于无法将其简化为一种常态：

为了评估分析结束的重要性，除了决定停止分析会诱发的丧失体验外，最好不要迷信有一种正常的绝对精神自主模型，因为何为正常永远无法最终确定，尽管任何个人都会有自己对正常这个概念的理解（1988:811）。

分离焦虑和未完成的分析

尽管结束分析对接受分析者和分析师来说都是可能的，但心理的障碍有时会让分析无法结束，因此需要别的分析来获得令人满意的结束，正如弗洛伊德在《可终止与不可终止的分析》中所提到的（1937c）。在各种阻碍中，我认为与分析师的最终分离所引发的过度焦虑，是分析无法结束的一个重要因素。

正如我们所看到的，分析结束的临近会引起接受分析者的各种焦虑，以及抑郁的痛苦和孤单的恐惧，这类情绪程度强烈的时候，会阻碍处理移情性哀伤的工作，从而无法进入分析的新阶段，即"独自前行"。贝戈因（1989）将心理痛苦区别于焦虑，因为焦虑掩盖了更多隐藏的痛苦。在他看来，心理痛苦也可能是分析无法结束的原因，因为核心的恐惧可能会因为分析结束而浮现，遭受这样的恐惧等同于遭受心理死亡的威胁。分析结束也可能再次唤醒与发现自我真相有关的焦虑（Grinberg, 1980），或导致接受分析者不愿继续往前走，就像在负性治疗反应中那样，不愿分析有进展也会致使许多分析过早中断。

当分析临近结束时，分析师必须对最难预料的反应有心理准备。为了识别和诠释这些反应，他必须借鉴自己的经验，并参照他对客体关系与移情的理解。

我记得有位接受分析者，几乎到分析的最后一天仍在否认我们已安排好会谈结束的日期、以及我们即将分开的事实。然而，他及时意识到这一点，开始真正的移情哀伤过程。这是弗洛伊德描述的对现实否认与自我分裂的典型例子（1927e，1940e），当面对一个难以承受的现实，即我们的分离，这个接受分析者的自我分裂成两部分，一部分接受现实，另一部分否认它。当这个令人满意的分析接近尾声时，我看到这个接受分析者表面顺应了即将来临的结束，但内心并没有真正接受它。直到分析结束的前几天，否认才彻底呈现：

直到今天，我都一直认为你为分析结束设定的日期，只是为了让我接受考验，你自己并不真的相信，而且这对你来说是一个蹩脚的笑话；我想象你会在最后一刻推迟这个日期……直到现在，我才意识到你其实是认真的。

几天后我们的分析结束了，但因为我们之前已经谈过这个问题，我们才能够在结束前的最后关键时刻解除这个否认和分裂。分析的结束重新激活了否认、分裂等之前常用的防御机制。

然而值得注意的是，对分析结束的恐惧不仅在分析的最后阶段造成影响，实际上从一开始就存在。在最初的接触中，这位准接受分析者可能就会表达他对分析结束的焦虑："如果我和你开始（分析）了，我害怕我会永远无法离开你。"同样，分析师从初始访谈开始，就不可避免会思量准接受分析者应对结束的能力。关于分析结束的焦虑有时如此强烈，以至于在初谈之后，要求被分析的人决定不投入到一段注定会结束的分析关系中，就像在表达：如果死亡终有一天会到来，就不值得活着。

相反，准接受分析者有时会要求分析要有明确的目的——成功修通分析结束时的分离。我有不止一个接受分析者意识到自己难以拥有持久的个人关系，希望与我建立的关系能让他做好准备，以克服分析结束的分离，并厘清他关系中的问题。

不过，"克服分离"的意义是什么？这将是最后一章的主题。

第十二章

独处的能力、承载力与整合的内心世界

"别了,"狐狸说,"这就是我的秘密,一个很简单的秘密:人只能用心灵才看得清楚。重要的东西用眼睛是看不见的。"

"重要的东西用眼睛是看不见的",

小王子重复着,以便能牢牢记住。

——安托万·德·圣·埃克苏佩里

驯服孤独

分析的目标之一是让接受分析者发现或重拾内在的某些感受。过度的分离和丧失客体的焦虑会阻隔这些感受,让接受分析者无法养成自主性、精神的自由、内在的力量与坚持、对自己与他人的信任感,以及爱与被爱的能力。我们简称这类复杂的感受为心理的成熟度。温尼科特（1958）将其描述为能够"在他人在场时独处"的能力。在温尼科特看来，个体在发展过程中会体验两种形式的孤独，一种是在不成熟时期较原始的形式，另一种是较细致的形式：

当未成熟的自我能够因为母亲天然的支持而达到自我平衡，个体就会在发展的早期阶段具备"在他人在场时独处的能力"。随着发展，个体内摄了为自我提供支持的母亲形象（ego supportive mother），也因此变得不需经常接触母亲或母亲的象征物而独处（1958:32）。

与焦虑感相比，这种独处的能力把孤独看作是滋养的源泉，是自己与自身或与他人的关系的补充，会在个体内化了缺席的客体之后出现。内化是反复体验到分离与再重逢之后修通的结果。与精神分析的过程类似，在婴儿的发展过程中，连续出现的与重要他人的分离会不断诱发因为外在现实好客体的丧失而连带失去内在好客体的恐惧。在梅兰妮·克莱茵看来，这种丧失对个体造成的威胁会再次唤醒婴儿期抑郁位置的焦虑，伴随着对失去外在以及内在客体的难过与哀伤情绪。个体会认定是因自己的毁灭幻想导致了客体的丧失，只有正向的经验才能够消除这种内在的信念。在精神分析的过程中，反复体验分离之后再重逢的过程，会促成哀伤的工作。通过现实检验来证明毁灭幻想并未成真，并加强了对好的内在以及外在客体的信任。在自我中建立内在好客体，会获得某种"自我的力量"，充满力量的自我可以忍受客体的缺席、不过度焦虑，也可以克服难过的情绪，应对外在现实中不可避免的丧失。

弗洛伊德在描述这种内在感受时曾举例，怕黑的小男孩听到阿姨的声音就放松了："只要有人出声，就有光明。"（1905d:224）。1926年，弗洛伊德研究了能够减缓焦虑的条件，他提到，重复获得满足的经验会让孩子感到安心，焦虑得到缓解，也会帮他"在记忆中"发展出对（内在）母亲的情感贯注，建立内在的安全感。弗洛伊德还认为，将情感贯注到新客体上并珍视他们的能力，取决于哀悼丧失客体的能力。"无常的价值，在于它的稍纵即逝。快乐的有限性提升了快乐的价值。"

类似的发展也会逐渐出现在分析中，我们可以看到接受分析者逐渐内化分析师后，他的自我结构与客体关系所受到的影响。也就是说，接受分析者在心中以象征化的形式建立好的（但非理想化的）客体并认同它，同时与内外现实相关的内心世界也被重新整合。不同的理论家会用不同术语来描述这个过程，如：获得客体的恒久性（Freud & M.Mahler）；早期的内化（W. W. Meissner, 1986）；在他人在场时独处（Winnicott, 1958）；内心世界的整合（Klein, 1963）。

好客体的内摄是整合的基础

一些因素能够整合孤独感,让孤独变得可以忍受。分析防御、幻想与现实中的客体关系,能够让接受分析者更好地区分客体的外在与内在现实,降低向外投射的倾向,也因此更贴近他的心理现实。在与整合有关的因素中,爱与恨的情感整合极其重要。正如多尔托(1985)所言,只有爱与恨的整合才能让"孤独成为生命力"而非"破坏力"。

梅兰妮·克莱茵认为,整合是抑郁位置"爱—恨"矛盾被化解后的产物,而矛盾的化解基于内摄好的客体。整合好的个体能以爱来减缓恨与破坏本能的暴力。克莱茵(1963)在《孤独的意义》(On the Sense of Loneliness)一文中提到,孤独感来自个体追忆那无法找回的丧失,追忆与母亲原初关系中再也不复得的幸福感。出现在偏执—分裂位置的孤独感,会随着抑郁位置的形成以及内心整合的过程而逐渐消失。然而,当个体丧失对内在好客体的信念时,若没有永久的彻底整合,孤独的痛苦就会随之再现(1963:302-303)。克莱茵认为,在那些让孤独变得能够忍受的内外因素中,好客体被内化后带来的安全感是自我力量的基础:"坚强的自我比较不容易崩塌,也因此更容易达到整合状态,与原初客体建立较好的早期关系

（1963:309）。"

认同好客体也能降低超我的严厉程度。在个体与原初客体建立起好的关系后，爱与被爱的条件也都达到了。在克莱茵看来，人会因为真实感受到的孤独而想要建立客体关系。

移情、精神病与非精神病部分的人格

我想在本书中反复强调的是，分离与客体丧失带来的冲突，与神经症的冲突有着本质上的差异，后者具备象征化的能力。应对分离与客体丧失的焦虑所采用的原始防御机制，对内心世界的整合以及自我的连贯性起着重要的作用。自我的连贯程度或多或少受到相应心理病理的影响。这是因为自我在面对分离与客体丧失时，体验到现实（内在与外在）的打击。令人难以忍受的现实冲突，驱使自我通过压抑或否认的方式来应对。正如弗洛伊德所说，对内在与外在现实的否认会导致自我内部的分裂，一部分的自我拒绝了现实，而另一部分却接受了。由于这种冲突已经影响了自我结构，所以我们无法用面对神经症冲突的方式来协助接受分析者，即通过解除压抑就能解决冲突。克莱茵（1963）也强调说，虽然分裂机制对婴儿建立安全感而言是必要的，但若整合的倾向不够，可能会导致自我的碎片化，并加深不安全感。

回到精神分析的过程中，总的来说，处理否认与自我分裂带来的冲突有两阶段：首先，通过分析移情，减少分裂与否认，通过分析爱—恨交织的矛盾情感，减少心理的崩塌并促进自我的整合；接着，在第二阶段，一旦分裂减少，自我的不同部分能够更好地沟通，我们就能从压抑与象征意义的角度来分析这些冲突了。

然而，临床的情境总是更复杂、也更难以掌握，特别是当压抑与否认这两种防御机制在分析中以不断变化的比例同时存在时，即自我的某部分被否认与分裂主导，而其他部分则被压抑主导。人格中这种特殊的心理结构，等同于自我分裂所带来的冲突（Freud, 1940e）。这种结构也是比昂提出的"人格中的精神病与非精神病部分"（Bion, 1957）。比昂的概念让我们理解这类内在心理冲突，并诠释这类冲突在移情关系中的重现。

在分析的过程中，精神病与非精神病部分的人格都会成为持续的投射与内摄的对象，表现为移情的变动。对移情幻想的象征化诠释，能够同时处理这两种层次的心理运作。因此，压抑的解除与否认、分裂的减少是同时发生的。

"双重移情"的概念是指"自恋"移情与"神经症"移情的共存，与此相关的是精神分析的过程。就处理躁狂防御的统治而言，如果在考虑分裂与否认的移情时，同时也考虑压抑的移情的价值,就会促进自我的整合倾向,"恢复被否认的部分"(Manzano,1989)。在我看来,这些结构的变化需要被识别,并结合精神分析历程的整体发展以及每次会谈中时刻的变化加以诠释。

关于整合过程的一个案例

为了让大家对这种整合的倾向留有印象,我将呈现一个分析接近尾声的女性接受分析者的例子。她能够用非常简单的语言很好地表达自己(下文括号里的内容是我的内在反思)。

"很久以来",她说,"我认为我的困难全是我母亲或父亲的过错。现在,我意识到这点,也接受自己与这些问题有关。于是,它变得更困难了。不过,当我能够用不同的视角去看待这些事件以及自身时,我变得更加了解自己,也更懂得如何解读身边的事物。"(投射减少后,投射出去的部分被自体收回,因此她获得了一种责任感。虽然这会带来痛苦,但她改善了自己与内在和外在现实的关系。)"我试着在自己身上找到力量",她继续说道,"如果我失败了,我会认为这是我自己的错,不应该责怪他人,因为你不能按照自己的意愿改变环境。到目前为止,我总奢望我的环境能有所不同,而且曾告诉自己这才是解决问题的关键。但我现在发现了,我的感知影响了我理解现实的方式——我的感知属于我,我是这些内在冲突的结果,别人并没有操控我,我的挣扎也属于我,并非环境所促发。虽然那样想会容易些,但它只是让我更加武装自己而已。"(放弃全能感反而提高了她的效率:她不再通过想象一切皆有可能来应对冲突,而是学会了区分什么是可能的、什么是不可能的,这种区分源于她对自己极限的更多觉察。)她说:"让我惊讶的是,你给了我一种正向的自我形象,以往我总是对自己非常苛刻——你好像在保护我,逐渐引导我以不同的方式看自己。这样的方式之所以有效,是因为你的引导是很缓慢的,当我体验到时,我已经做好准备去接纳了。你的诠释总能反馈给我一个好的自我形象,这也是让我感到惊讶的地方。我觉得自己很幸运,如果换一个分析师,可能会不一样。这个陪伴我们重新认识自己的人是很重要的。我们在这里的工作,决定了其他的一切——我将来会成为什么样的人,我将如何应对与理解。我应把这些保存在心中。当你给了我一个好的自我形象时,我感觉自己更完整了,觉得能够开始为发生的事情负责了,也能更好地自我管理,不再向外投射我不喜欢的部分。我能够继续成长,并更好地管理自己的内心世界。"(注意:整合涉及个体如何内摄并认同好的、非理想化的客体,由此降低破坏与自我破坏本能的暴力性,加强对自己以及对他人的信任。)"但是我的恐惧并未消失",她补充道,"面对分离时,我仍害怕自己无法应付，害怕事情失控，害怕无法找到自身的力量，害怕没有清晰的头脑。保持头脑清晰并不容易。"（当然，分析的目标不是完全消除焦虑，完全摆脱只是全能的躁狂幻想，分析是让个体逐渐有能力去涵容焦虑、心理痛苦与孤独感。）"当我感觉内在空虚时"，她继续说，"我意识到我的行事风格或许在小时候就被限定了，但现在我是决定这么做的人——我感觉自己认同了孩提时的母亲。"（她开始变得更能区分过去与当下，过去不再是潜意识中童年事件行动化的重复，而是变成了记忆，当下则属于我们。）"我注意到我曾经无意识地认同了我的母亲"，她接着说，"我原以为我已经将她开除、摆脱她了，但现在我却发现，自己已经认同了她。我的焦虑、害怕和孤单也是她的，她曾经感觉被排除在外，我也感受到了。"（接受分析者提到的"认同"更像是内摄，即内化了一个客体，这个客体曾经和她分裂出去的部分自我融合——此刻她与母亲融合了："我就是我的母亲"——由于投射的减少与内化的增加，她逐渐变得越来越能够区分自我与客体，并由此建立了后俄狄浦斯的内摄性认同机制，是修通俄狄浦斯冲突的标志。）在一阵沉默之后，该接受分析者在本次会谈结束前说："我真的很高兴能够再次成为自己。"

随后，我将讨论我曾介绍过的"承载力"的概念，旨在理解心理生活整合阶段中的质性变化（此接受分析者见证了这种变化的某些方面），并展示自我与客体如何建立新的平衡。

从分离焦虑到承载力

　　随着分析的进展，我们可以看到，分离焦虑的表现形式在强度与频率上有所下降，这是因为移情关系的性质有所改变。这些转化会带来各种新的感受，我想特别关注被内化的客体具有的承载力，我们可以在一些接受分析者身上看到这部分。这些人已经到达心理整合与平衡的阶段，这不是每一位接受分析者都能达到的。这种承载力是接受分析者与分析师都能感受到的，就像在依赖的关系中获得了某种自主能力，也是对接受分析者身份的一种确认。接受分析者感觉他变成了真实的自己，预示着为结束分析做好了准备。我用被内化的客体的承载力，表示接受分析者尝试"用自己的翅膀飞翔"的愉悦感受，因为他感觉自己拥有了一种自我支持的能力，能够独立而不再需要被客体"背着"。这是一种新奇且复杂的感受，喜悦中混杂着些许恐惧，伴随着终于成为自己的感觉，即知道我们可以驾驭自己，但也理解我们在时间与空间上的有限性；能够感知到客体的来来去去，却没有因此过度焦虑。有能力"背负"自己，无需依赖客体，这种新奇且令人愉悦的印象会让人雀跃。这种感觉特别容易在"有翅膀或飞翔"的梦里出现，即一些具有整合特

第十二章 独处的能力、承载力与整合的内心世界 | 243

征的梦,正如我们随后会看到的。不过,这种雀跃感也会有阴暗面,与悲伤有关,因为这也隐含着对自己与客体的生命都有起点与终点的觉察,感知到我们自己的死亡、客体的短暂性,以及分析关系最终也会结束的事实。所以,我的承载力的概念,没有全能的或躁狂的特质。

这种成功"用自己的翅膀飞翔"的感觉,一旦接受分析者或分析师觉察到它,就会显得很普通,感觉上只是一件理所当然的事。但是,正如一切结果令人满意的重要过程一样,它只会在被发现时被感知到,此后就不会再被注意。承载力代表着缓慢且复杂的发展过程的顶点,很难被人理解。它属于情感的范畴,我们对此非常熟悉,却又知之甚少,正如弗洛伊德的相关描述,是一种"感受状态,但是我们也不清楚那是什么感受"(1926d:132)。描述一种感受的困难,就像描述一种音乐感或视觉感的困难一样。

在分析过程中逐渐获得一种承载力的感觉,这一假说是我各种临床观察的结果。

就像所有精神分析师一样,我观察到:接受分析者与分析师的会谈反复出现的中断(包括每次会谈之间的间隔,周末与假期的中断),常常被接受分析者体验为被分析师"放手",具有双重的意义。一方面,接受分析者会很焦虑,觉得反复被抛弃,这类体验在梦中可能表现为眩晕的坠落。另一方面,接受分析者也可能感受到分析师对他的自主能力有信心，并且期待他在自己内部找到他以为只有分析师才有的资源。

我曾经有一位女性接受分析者对分离的反应非常激烈，会表现出绝望或暴怒，以及急性的躯体症状。然而，假期前的最后一次会谈，她常常又会停止抗议，并告诉我她同时也知道她对自己有信心，相信自己拥有资源去处理因为我的缺席而产生的焦虑。因此，这位接受分析者表达了与抑郁位置有关的一系列情感，如修通她的潜意识内疚、感恩、在她对我进行攻击之后的修复愿望。然而，我相信接受分析者更多感受到的是：我离开她不只是丢下她，同时我也对她有信心，她能够"用自己的翅膀飞翔"。

在诠释中强调这部分很重要，因为我们通常倾向于诠释防御，如对分析师遗弃接受分析者的恐惧，而非诠释接受分析者在分析中获得的正向感受。当接受分析者注意到自己独立的可能性时，他有时候会退缩，害怕这种冲动会被理解成他反过来抛弃了分析师。接着，他可能会混淆到底自己是独立于客体，还是对客体漠不关心。所以，分析师让接受分析者感受到，拥有翅膀并不意味着没有客体，这是很有价值的。接受分析者仍然与客体维持着关系，只是关系的性质有所不同：他给予他人的自由，变成一种信任的象征与一种客体的爱的条件。对分析师而言，他也可能会体验到阻抗，不愿接纳接受分析者的自主能力，所以分析师有必要通过诠释表达这种想要独立的冲动的积极面。

关于承载力的假设，我还有第二个原因。根据我的观察，在很多心理病理的状态中，承载力会有所不足，或者在抑郁状态中，承载力会消失。此时个体似乎已经失去了自我支持的能力，感觉自己越来越需要依赖外在与内在的客体。我相信，许多被描述为自我崩溃的症状，实际上与承载力丧失有关，等同于丧失了内在客体的支持能力。这也是我看待"抑制"症状的方法，即丧失"意志力"。抑郁病人无法前行，找不到方向，因为他不再知道自己是谁或他想要什么。这种感觉可以表达为"我觉得自己化成了一团果酱"。

除了分裂导致的心理破碎（主体的思想无法黏合在一起），客体丧失带来的自我丧失感也会让被抱持的感觉消失，主体在人生的高峰与低谷都无法感觉到被支持，因而只能随波逐流。

弗洛伊德在1917年的文章中描述了抑郁病人的抑制。他曾经用不同的词语表达抑郁症典型的自我崩塌。在有些部分，他强调了与自我贬低、自我批评有关的道德贬低；不过，在其他部分，我觉得他似乎更强调自我的崩塌、"衰败"与匮乏。相较于英译本与法译本，弗洛伊德以母语书写时选用的字，更传神地表达了自我衰竭的想法。在我看来，在不同形式的自我崩塌中，仍有些细微的差异。其中一种与丧失承载力有关；另一种与超我对自我施虐有关，是道德的贬低。

对抑郁病人而言，他们对内在与外在客体的攻击，会摧毁好客体的支持力。好客体被否认与剥夺的这种能力，属于后俄狄浦斯超我的良性特质。紧跟着承载力丧失而出现的自我支持力丧失，会导致退行，退回婴儿期依赖替代性客体的状态。在分析性治疗中，抑郁病人与其他接受分析者相比，会更需要体验到分析师的承载力，才能恢复并内化他的自我支持能力。

不论接受分析者的发展阶段或心理病理状态如何，他在分析性治疗中都会不断体验到分离与重逢的交替模式。该模式会有规律地贯彻整个分析的过程。通过这种形式，接受分析者会逐渐内化分析师的存在，相当于孩子内化母亲的存在的体验。这个模型要求母亲是可靠的，孩子能够反复体验到母亲消失后再重现（1926d），或者是母亲替代物的反复消失后重现，如游戏中的轴轮或镜子（1920g）。承载力的获得也是通过类似的内化过程，与分析师的支持能力及可靠性有关。分析师的可靠性可以表现为分析设置的可靠性。如果会谈的间隔、周末与假期发生在稳定与持续的设置中，接受分析者便可以利用这些机会尝试体验"自我支持"，并与分析师分享这一探索带来的喜悦。

现在，我将试着描述承载力作为一种情感的实际特性，它会在接受分析者达到整合阶段时（这种整合阶段并非总能达到）出现在分析关系中。我将从不同的视角探究它的意义。

第十二章 独处的能力、承载力与整合的内心世界 | 247

动态平衡的结果

我使用的承载力这个术语，感觉上是一种动态平衡的结果，需要持续地重新获得，无法一劳永逸。我不认为承载力是一种静态平衡，例如地基的支持力。

我们或许会认为，一个成功获得忍受分离焦虑能力的人，会对自己感到确信，因为他已经变得稳定与坚实。相反，我却认为承载力提供的是一种动态的心理平衡，个体不仅是主导着变动，而且还能随着变动一起转变，就如同冲浪者会在海浪中找到力量。我们或许会问自己是哪些因素形成了承载力动态平衡的基础，我相信，有很大一部分是个体对客体的去理想化，以及放弃全能感，由此创造出的有利于心理生活流动的条件——这是个体找到承载力的基础。于是，他会觉察到内在与外在世界的不稳定（本质上处于流动状态），并意识到自己的脆弱性需要依靠自身的可靠性（光依靠他人是不够的）。由之前的临床案例可以看到，接受分析者只有在放弃全能感后才能获得承载力。因为认识到自己的极限，接受分析者变得更能区分可能性与不可能性，也因此变得更有自我效能。

D.奎诺多（1990）在《眩晕与客体关系》（*Vertigo and Object Relationship*）一文中提到，每一种形式的眩晕与相应的平衡，会出现在变动与不变的汇集点：一个人不再眩晕不是因为他在静态中找到了安全感，而是在放弃理想化与全能感后，找到了随着变动一起运动的能力。相反，眩晕的症状会在静止、全能幻想占主导的瞬间出现。

找寻动态平衡是持续一生的过程，因为获得这种平衡不会一劳永逸。需要个体持续的注意力，才能"感受到"变动，并立即进行必要的"修正"，让平衡逐渐恢复。我们知道平衡会因持续的变动而持续受到威胁。全能感是反承载力的，因为它营造了一种冻结的架构、不变的形象，通过理想化形成固定性。就此而言，我认为全能感（属于躁狂防御）是一种死本能的表现，而承载力则是一种生本能的表达。

成为自己，为自己负责

我觉得，承载力是一种个人责任意识的表达，正如之前提到的案例说的："我感觉能够开始承担责任，更好地管理自己……而并非总是将我不喜欢的投射到外界。"个人的责任意识，主要来自成为自己主人的感觉，印象中曾经散布在"自我外"（在客体内部或与客体融合）的部分重新回到自我。投射部分自我（分离焦虑或客体丧失会加剧投射），不只造成自我的贫乏，也导致对外在客体的潜意识依赖，主体因此感觉被他人"操控"。实际上,他只是在潜意识的自恋关系中被自己操控,是一种投射性认同的幻想。

被反转的投射倾向,会被相反的内化倾向所取代(可以在上述例子中明显地看到),就像整个心理生活的运作机制发生了倒转。正如接受分析者曾说的:"很久以来,我认为我的困难全是我母亲或父亲的过错。现在,我意识到这点,也接受自己与这些问题有关。于是,它变得更困难了。不过,我能够用不同的视角去看待这些事件以及自身。"自我被分裂与投射出去的部分恢复后,整合感与归属感也加强了。我们可以在后面的梦中看到自我被收回、被整合的过程。

能为自己负责的感觉,也修改了依赖他人的本质,若用费尔贝恩(1941)的术语,我认为,承载力隐含了与"婴儿期"依赖相对的"成熟"依赖,前者以吞并、原始认同与自恋为基础。值得重申的是,自主或独立是"成熟"依赖的特点,承载力并不意味着摒弃客体,而是指允许自己与客体自由地来去。黏附或逃离客体的状态是偏执分裂位置的特点。

贝雷(1989)引用了我的承载力概念作为他俄狄浦斯理论的起点,不过他还区分了依赖客体的基本类型,也将其称为承载力。他认为抑郁病人不缺乏承载力,"抑郁病人不感到缺乏"且有"疑病的自恋客体作为其完美的稳定伴侣"(p.89)。我同意可以区分出不同层次的依赖,但我仍然保留关于"承载力"

的定义——指动态的整合，即在高度成熟的相互依赖关系中保有独立的自由度，而"依赖"则属于比较不成熟的关系。关于依赖水平的讨论也使我们不得不承认，精神分析的语言在这方面是如此得贫乏，我们只有"依赖"这一个术语来描述如此多样的客体连接。

内摄性认同好的涵容客体

承载力也是另一种感觉，我们的心理组织认同了一个好客体以及它的涵容功能。为了避免误解，我要重申"好"客体不是"理想化"的客体，一个好的客体能够承受批评。

认同好客体的前提，是放弃对抗分离与客体丧失的防御。这类防御中最重要的是对理想化全能客体的认同。当自我能够建立起好客体，发展与整合对客体既爱又恨的矛盾情感。当客体被自我体验为一个整体时，安全感就会建立，终会成为自我的核心。自身好的部分携带的信任感，会让自我获得同一性与力量。因此，内摄认同好的客体与全能感无关；这不是指一个人认为自己是上帝，而是在自己身上找到好的部分来支持自己。

在承载力中，内摄性认同一个有涵容能力的客体（比昂的观点），属于内摄性认同一个好客体。容器—被涵容者的概念

第十二章 独处的能力、承载力与整合的内心世界

在很大程度上拓展了温尼科特的抱持观点,抱持曾被他用来解释母亲的功能与出生后第一年获得的"母性照料",对应着一种支持。对身份的时空基础感兴趣的布鲁塞尔(1989)认为承载力属于"在'后-抱持'阶段中持续的支持,但没有精确的发生阶段"(p.93)。他将承载力置于一个交叉点上,即适合它的凝聚点。

我认为,比昂的容器—被涵容者关系的概念同时包含了两点:发展的连续性(历时性的发展)与特定时刻的心理功能(共时性功能)。此概念拓展了我们对关系现象的理解,为我们提供的理论不仅涵盖了早期的母婴关系,还包括了客体关系与思考的理论(theory of thought)。比昂使用"沉思的能力"(capacity for reverie),而非温尼科特的母性照料或幻觉领域,因为他想触及其他层次的互动,例如,前概念(preconception)与概念、先天与经验、幻想与现实、挫折与满足,以及从初级过程到次级过程的过渡,即一个从最原始的层次开始的连续谱,从一切实体的根源到最高的进化形式。他试图理解思想的自主性是如何建立的。

随着内摄性认同,母亲与孩子之间彼此满足的容器—被涵容者关系,能让孩子内化好的经验,以及内摄性认同一对"幸福的夫妻",因为母亲的容器功能包含接受孩子(被涵容者)情绪波动的能力。

阿塔纳西乌（Athanassiou，1986）将比昂的注意力（attention）概念进行了有趣的应用，此概念类似于我所说的承载力。他强调"母亲"对婴儿的注意力，会被婴儿有形地体验为被母亲"抱着"，通过这种心理活动在身体上抱着他，带给他存在感与确认。在阿塔纳西乌看来，"不论何时母亲放下婴儿，他都会有坠落感，并失去存在感。"失去母亲关注的婴儿可能会转过脸去，将他的注意力从母亲身上移走，试图（全能的）否认她的存在。阿塔纳西乌认为，婴儿因此遗弃了"真实的客体"，那个无法被他辨识的母亲。接着，婴儿可能会寻求"虚假的客体"，作为具有恋物特质的母亲替代品。

通过这种方式，知识的连接被打断，支持"反—知识"（Bion 的 -C）的倾向。就像恋物者，只是通过转移了注意力，最终否认在缺席者的背后仍有隐藏的在场者（1986:1136）。

以比昂的思想为基础，阿塔纳西乌关于注意力在早期母婴关系中的作用的观点，可以帮助我们解释，为何对分析会谈的不连续性有着剧烈反应的接受分析者，同时也是强烈否认分离焦虑存在的人。承认分离焦虑的存在，等同于承认了分析师的存在以及他们之间建立了关系的事实。这些接受分析者可能会把假期体验为丧失了分析师的注意力，进而将自己对分析师的注意力撤回,试图全能地否认分析师的存在。在他们的体验中,不连续性是对存在与生存的直接威胁。相反,接受分析者如果已经建立了对分析师的信任,相信分析师是可靠的,他们就会发展出内在的连续感,并承认分析师的重要性。于是,我们能看到一种明显的悖论——只有当接受分析者体验到成为自己的愉悦时,他才能感受到客体的重要性,能更好地接受自己在某程度上是依赖分析师的。

综上所述,若从比昂的视角看承载力,我们可以说,分析关系的体验决定了接受分析者能否忍受焦虑——特别是分离焦虑。他不仅需要成功地再次内摄被分析师"反思能力"(被涵容者)修改过的焦虑,而且也要内摄容器,即分析师的涵容功能、涵容与思考的能力。由于认同内摄的容器,接受分析者也变得能够涵容与思考。这是学会忍受焦虑的必要步骤,忍受焦虑的能力来源于个体获得(与分析师的)关系中的自主感。

承载力、空间与时间

结合对空间的感知,对时间的感知会让承载力出现。时间的概念让接受分析者不仅能够意识到空间的限制,而且也认识到时长的有限性,由此在客体关系中创造动态的平衡。弗洛伊德强调,时间概念的出现有助于提高现实感,促使自我发展出面对焦虑的能力——如果创伤的情境可被转变为威胁性较小的情境,这是因为自我学会了"预期""预知""期待"与"回忆"(1926d)。

我需要澄清一下,承载力的感觉并不是分离焦虑的对立面,承载力不能被简单地看作是正向的,而分离焦虑则是它的负面对应物。这么看太粗略了。我认为,承载力是一些复杂的整合过程的顶点,这些整合过程通过合作创造出带有时空感的心理关系空间。该空间的性质在根本上不同于分离焦虑的规则。在我看来,这种截然不同的心理空间让承载力得以显现,并发挥令人满意的功能。分离焦虑水平的本能力量,会迫使接受分析者有形地"黏附"在因分析师在场与缺席而造成的情绪波峰与波谷。相反,承载力水平的本能力量,会让接受分析者从移情关系的起伏中"提升",在另一个由不同升力主导的空间体验分析性会谈。或许这是死本能与生本能对立的另一种表现。

"承载力"的法语原文是portance,字面意思是"提升"(lift),物理学的定义是垂直加速的力量,用以支撑重物(如飞机)。速率指的是在时间(每秒数米)中的位移(空间)。举例而言,船或冲浪板从水面获得力量用以滑行或冲出水面,由此改变物体与液体介质的关系。孩子放开父母的手自己走路也是类似的感觉,或者是拨开水面游泳的时候。我用轴承作为类比,是要强调接受分析者获得自身稳定度的可能性，能够获得客体的支持但不全然仰赖它：不论客体是离开、还是靠近，主体都已经获得自己在时空中存在的感觉；自我支持的感觉让他既是自主的个体，同时也是自己的伙伴，不会体验到早期依赖阶段会有的自我崩溃的焦虑。主体没有失去与客体的关系，就像冲浪板离开了水面，只是关系的性质发生了变化，由新的混合力量来主导。

托马西尼（Tomassini, 1989）指出，法语portance一词来自拉丁文portare，有两种技术的含义。首先，它在土木工程中用于表示结构（如拱形或地基）的最大承载力。第二层含义是我之前提到的空气动力学和流体力学中的垂直升力。

虽然我倾向于从动态而非静态的角度定义承载力，托马西尼的观点为这个概念补充了两个很有价值的方面，即将此概念类比精神分析时：一个动力的方面，强调独立于客体的自我支持能力；另一个结构的方面，自我忍受分离焦虑、不诉诸分裂的能力。

综上所述，承载力的概念在我看来似乎很自然地呼应了精神分析的时间与空间的概念。此空间不是真实的空间，而是带有时空概念的空间被内化后形成的表象。它也反映了梅尔策（1975）描述的"四维心理空间"，在此空间出现之前，心智处于二维阶段（与黏附性认同有关）与三维阶段（与投射性认同有关，需要设想客体有其"内部"，才能进入客体）。梅尔策同时指出，四维阶段使新的认同类型得以出现，即弗洛伊德（1923b）与后人提到的"内摄性认同"（虽然这不是弗洛伊德的术语）。在这种认同模式中，主体通过认识到代际差异而让客体在时间上有了自由，进而也让客体在空间上自由来去，因为他放弃了占有客体、与客体融合的渴望。在俄狄浦斯情境中，主体能够成为自己，也同样允许客体成为自己。

维度与俄狄浦斯三角

一方面，内化承载力与获得身份感、自主性密切相关。另一方面，内在的客体关系空间的形成，是以俄狄浦斯情结为基础的，同时也让俄狄浦斯情结得以修通。

在我看来，俄狄浦斯情结能被修通的前提是，在完整的情境中，客体在"时空"空间中呈现出清晰、精确的样貌，就像本来模糊的形象最终变得棱角分明。感知到客体与自我的区别、性别与代际的差异，会引发哀伤的过程。此过程塑造了我们的身份，建立在后俄狄浦斯期的内摄性认同，也是部分"现实感"的来源。我觉得承载力也就是在这时候出现，即客体被象征性地内化，成为被赋予信任的好客体。这就是为什么我会认为承载力属于高度整合的阶段。

第十二章 独处的能力、承载力与整合的内心世界

更准确地说，我认为区分承载力与其他相关的概念很重要。这些概念被它们的创造者放置在二元关系中。尤其是温尼科特的"抱持"与巴林特的"基本缺陷"概念，作者都明确指出属于二人关系阶段，即孩子与母亲的关系，并将父亲排除在外。格林虽然接受许多温尼科特的假设，但他仍然反复强调三角空间很早就存在。例如，他在1979年指出，如果母婴融合状态的内在客体"是个好客体，那么他就可以是抚慰人的客体，等同于温尼科特所描述的'抱持'客体。"然而，在小孩觉察到第三方之前，父亲早已在场：

小孩变成了母婴一体的幻想关系中客体的客体，直到有一天，他的幻想因为觉察到第三方的存在（父亲）而幻灭。父亲其实一直都在那里，但他只能以缺席的方式存在，存在于母亲心中（Green 1979:57）。

个人而言，我将承载力看作是三人（或三角）关系中的功能，不论是在早期俄狄浦斯情境中与部分客体的关系，还是发展后的俄狄浦斯情结中与完整客体的关系。我相信，承载力的性质是由第一段客体关系建立的，取决于最早期与母亲的关系，以及与母亲幻想中的父亲的关系。我认为，父亲角色的出现，比我们一直以为的要更早。许多分析师强调，母亲要能感

受到她与父亲处于容器—被涵容者的关系中,才能发挥她的母性功能。基于父母双亲与孩子,幻想中包含好客体的原初场景(primal scene)才能出现。

梦、承载力与反移情

弗洛伊德在梦的解析(1900a)中提到关于飞翔、飘浮、坠落或游泳的梦。他说,梦到飞翔、飘浮或游泳容易被接受,但梦到坠落容易伴有焦虑。所有的梦都再现了儿童期的印象。"叔叔们可能都曾抱着孩子在房内奔跑,让孩子体验如何飞翔。"弗洛伊德注意到孩子喜欢这种体验,总会要求再玩一次。"这些体验多年后会在梦中重复;但在梦中,他们离开了抱着他们的手,所以感觉自己飘浮着,或没有支持要坠落了。"弗洛伊德声称,虽然没有足够的素材来解释这些梦,但是这些梦的触感与动感"会立即被各种相关的心理因素唤起"。要诠释飞翔或带着翅膀的梦,必须在相应的情境下。因为在不同情境下,它们的意义可能会截然不同。这类梦常常包含全能或躁狂的性幻想,不过也可能是指向承载力,表达愉悦与恐惧混杂在一起的感觉,这种感觉伴随着能用自己的翅膀飞翔的感觉。

在这种情况下,我认为分析师能提供有关内化承载力的正向诠释很重要。毕竟,当接受分析者为了新的体验而离开客体时，理所当然会感到恐惧与喜悦。带着自己的翅膀也就意味着失去了对客体的兴趣。接受分析者可能会对分析师产生内疚感。潜意识的内疚感可能会限制承载力的功能，让接受分析者困在依赖客体并与客体融合的状态中。

就个人体验而言，我常常注意到，这些典型的飞翔或展翅的梦出现时，恰好在分析中对应着承载力的整合阶段，此时接受分析者能够意识到成为自己、"用自己的翅膀飞翔"的感觉。

接着，我将通过一位女性接受分析者的改变来说明这点。这位女士曾经非常依赖他人，不过后来她发现了自己潜在的思考能力，这一过程的不同阶段相继在梦中出现。这位接受分析者从未决定自己想要什么，但她总是想尽办法去了解如果别人是她，会怎么想或怎么做。在移情中，她很努力地想要依附我与我的想法，而非试着与我沟通。因此，她用尽一切可能的"诡计"，甚至对我设下陷阱，试图探究如果我是她，我将怎么想或怎么做。每次间隔——特别是分析刚开始的前后——都会被她体验成折磨，而这种形式的依赖也明显影响到她的生活。

经过很久的分析后，接受分析者开始有明显的改变。在这段时期，我注意到她开始为自己思考，同时发展创造能力。我感觉，她正处于建立身份感的过程中，由此变得更能依靠自己。如果用我的术语，也就是说，她正在内化客体的支持特性。

在一个梦中，她在一栋非常旧的、快要倒塌的高楼外面，紧抓着一堵墙。她决定放手，因为她无法继续靠着这堵墙，同时也无法进入房子内部。她忽然意识到，高楼里面住着管理员——她原本以为里面没有人——那人协助她毫发无伤地爬了下来。

这个梦揭示了她在移情中想要黏附二维空间（黏附性认同）的倾向，在这个梦之后，她发现了一个具有内在与外在的空间，即三维空间（投射性认同）。

这位接受分析者做了另一个梦，在梦中她弄伤了一只鸟，导致它无法飞走。

这个梦与她对她兄弟的憎恨有关，由此导致的内疚感以一种自我惩罚的形式转向她自己，阻碍了她"用自己的翅膀飞翔"。这些攻击性元素使她无法创造出一个象征化的空间。诠释力比多与攻击性本能会带来一些变化，包括她对客体的感觉。她对客体的信任感可以在下面的梦中呈现出来：

这次，她坐在一个升降椅上，旁边有个男人。每个人都有自己的位置。尽管攀升得很高，她却没有感到眩晕，反而觉得很舒适。在她的膝盖上有张地图,她可以找到自己现在在哪里,将要往哪个方向走。

在我看来,这不像是全能幻想的梦,因为在她的联想中,升降椅的缆线意味着她敢于承认并接受自己的依赖性,依赖是为了更大的自由。

我相信,梦到启程、飞翔或展翅,或带着行李,可能都属于承载力整合阶段的典型梦境。在我看来,整合的过程与相应的承载力衍生出的身份感,源自将自我的各个面向聚集在一起并持续重组的过程,而不是自我持续寻求与客体合一的结果。只要自我的各部分仍旧处于分裂状态,并与被投射的客体融合,自我就会处于不平衡的状态。在分析中,我们可以感觉到自我是如何达到平衡的。接受分析者重新发现关于自己的重要面向,并认为这是自己的一部分,同时他变得更能区分自己与那些和客体相融的部分自己(Grinberg, 1964)。因此,这时候自我的重要面向得以恢复,这些自我的碎片之前因为分裂与投射等机制而丧失(投射到外在客体、内在客体或被视作客体的部分身体)。在统整的自我当中,持续地重组被重新发现的自我部分,此时个体已经准备好放弃带着所有东西了。

这种修通与哀伤的过程常常会伴有典型的梦,如接受分析者不得不赶火车或飞机,却在整理行李时发现忘带必要的东西。在这些梦中，火车或飞机可能代表的是具有涵容能力的自我（容器），行李则代表散落的部分自我，必须被整理：有些部分需要被丢弃（为丧失部分自体哀伤），其他部分则被认为是有必要带上路的（被涵容着）。这类梦的幻想材料带给我们关于无意识的重要信息，包括哪些对自我是必要的、哪些是与客体相连的。梦的情境（联想、分析的阶段，等等）为我们提供了关于梦的性质的印象（全能感、整合，等等），让我们可以恰当地诠释。举例而言，当接受分析者梦到他不能携带某些行李时，这可能意味着他觉得自己不能放弃某些仍与客体相依附的部分。因此，在这种情况下，整合感、身份感与承载力都还是欠缺的。这类梦常常告诉我们自我隐藏的部分仍与客体相连，形成了无意识的"自恋体"，无法轻易被移除，还会阻碍整合与承载力的发展过程（Athanassiou，1989）。

最后，我想谈的是一种特殊的梦，这类梦中令人恐惧的内容，常常被接受分析者与分析师体验为一种退行的倾向，而非迈向整合的步伐。我称这类梦为"翻篇的梦"（J-M.Quinodoz，1987），指的是诠释时应该强调正向的部分。如果考虑移情的整体情境，我们就可以理解，吓人的内容对应的幻想一直在通过行动化表达，还没有被描述／象征，一旦它们在梦中呈现，接受分析者就能意识到它们，从而停止将它们行动化，并将它们整合到心理生活中。

第十二章 独处的能力、承载力与整合的内心世界

例如，接受分析者会梦到他即将搭乘火车或飞机启程，同时发现自己处在忘带行李的极端焦虑中。接受分析者可能会被梦的退行内容（他无法离开的印象）吓到，非常讶异这时候他的梦竟然还带有这种焦虑，因为此时他的生活正呈现出自主性。"我还没有准备好离开，"焦虑的接受分析者说，"我还在原来的地方吗？"他可能会沟通这种焦虑，如果分析师没充分关注到治疗的脉络，他会倾向于认为接受分析者在退行，并且只诠释梦境中的退行面向。这会让分析师陷入投射性反向认同的危险（Grinberg，1962）。只有考虑分析的整体情境（梦、联想、移情的阶段、会谈的变动等），分析师才能准确地找到梦的位置，区分接受分析者退行与整合的倾向。在我看来，接受分析者在进步的时候报告了含有退行内容的梦，并伴有焦虑，此时分析师必须要积极地对待与诠释，不仅要避免退行，同时也要强调正在进行的心理整合过程，告诉梦者他成功地呈现了自己之前尚未整合的一些面向，这些部分之前还无法以这种形式呈现。

虽然承载力的获得无法一劳永逸，但它仍然标志着接受分析者已经驯服了孤独感，并且能够带着统整感重新发现的个人身份，与分析师分离。